プロが教える観賞用水槽のつくり方

# アクアリウムを趣味にする

ンタリウム
裕人 著



マイナビ

アクアリウムは生きる、アート

まるで絵画のような迫力と美しさ。
アクアリウムはまるで呼吸する、生きているアート。

# はじめに

この本を手に取っていただきありがとうございます。

株式会社アクアレンタリウム代表取締役の木下裕人です。

皆さんは「アクアリウム」と聞くとどのようなイメージが浮かぶでしょうか？

今までアクアリウムの仕事をしてきた中で、「アクアリウムは綺麗だしなんだか楽しそう」でも、その反面、「大変そう」、「自分にはできなそう」という声を耳にすることもしばしば。

実際にアクアリウムは楽しいですし大変でもありますが、正しい手順で進めていけば誰でも始めることができる素晴らしい趣味でもあるのです。

ひと昔前のイメージとは違い、今はおしゃれな水槽も沢山ありますし、水槽以外でもアクアリウムを始められます。容器の中で育てられる水草の種類も豊富になり、飼育できる熱帯魚との組み合わせも数えきれないほどあります。

自分で作ったアクアリウムを眺めながら癒しの時間を堪能できるなんて素敵じゃないですか？

より多くの人に是非このアクアリウムの楽しさ、魅力が伝えられたらいいなと思い『アクアリウムを趣味にする』を出版することになりました。是非この本を読んでアクアリウムを始めてみたい！という気持ちになっていただければ幸いです。

アクアレンタリウム　木下　裕人

# YouTubeチャンネル アクアリウム大学

アクアリウム大学は、２０１８年11月に私が立ち上げたアクアリウムのお悩みに関するＹｏｕＴｕｂｅチャンネルです。総動画数は１０００本以上ありアクアリウムに関する様々な困りごとの解決方法や私のおススメ水槽用品、水槽レイアウトのノウハウを定期的に更新しています。現在の登録者数は６万人を超え、ありがたいことにアクアリウム大学を今では沢山の方に認知してもらっています。

発信のきっかけはとあるお客様のお宅へメンテナンスで伺ったときのこと。「私のように様々なことで困っているアクアリウム初心者のためにも知識を発信してはどうか」という言葉でした。確かに私自身も水槽の立ち上げやメンテナンスで苦労してきたことは沢山あったし、ＹｏｕＴｕｂｅという動画共有サービスでのコンテンツ配信に新たな事業としてのメリットも感じたため一念発起しアクアリウム関連の動画を制作することにしたのです。アクアリウムをやっていて日頃直面する様々なお悩みを解決する手立てになればと思っています。

基本的に撮影は私の会社のスタジオで行っています。大がかりなカメラとか集音機器などは使わず携帯電話や小さなマイクを使い撮影しています。その方が作業効率が上がるのでチャンネルを開設したときからほとんど変わらないスタイルでやっています。

そして動画の投稿内容もなるべくわかりやすく、そして自分が経験した確かなことを伝えようと心がけています。かなり沢山の動画を制作してきたのでこの本を手に取ったあなたのお悩みを解決してくれそうな動画がきっと見つかると思います。

今では大勢のアクアリウム関連動画を配信するＹｏｕＴｕｂｅｒの方々がいらっしゃいますが「やっぱりアクアリウム大学だな！」と言っていただけるようにこれからも日々切磋琢磨していきます。

アクアリウムの楽しさや素晴らしさを多くの方に伝えていき、そして皆さんとますます盛り上がれたらいいなと思っています。

https://www.youtube.com/@aquarium-u/videos

親しまれる美術品のような、癒されるペットのような、
そこにあるだけで空間を魅力的にしてしまう。

アクアリウムは生きる、オブジェ

# CONTENTS

# CONTENTS

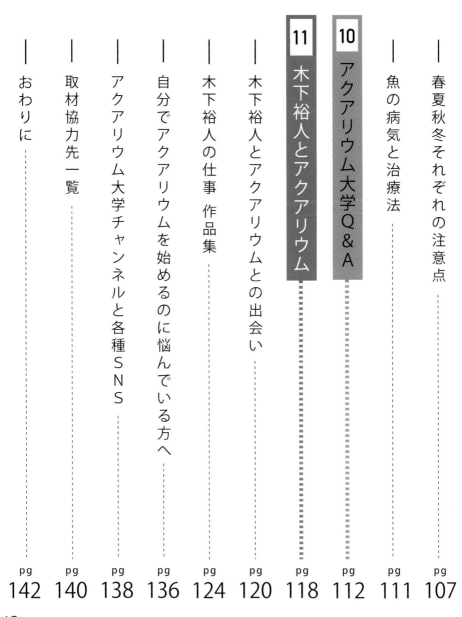

# Chapter 1

# アクアリウムって何だ？

Introduction

# アクアリウムとは

大きなものだと水族館から小さなものだと家庭で楽しめる小型水槽まで大きさや規模は様々ですが、水棲の生き物を人工的に飼育することをアクアリウムと言います。この本では家庭でアクアリウムについて知ってもらい「アクアリウムを趣味にする」ことの楽しさを伝えていこうと思っています。

**水草 Aquatic Plants**

水草と一口に言っても沢山の種類があるがそれぞれの傾向や育ち方、必要な環境が違う

**流木 Driftwood**

ネイチャー感のあるレイアウトにはマストなアイテム

**水槽 Tank**

ガラス製やアクリル製などの容器

**石 Rocks**

青系、赤系、黄系など様々なアクアリウム用の石がある

**底床 Substrate**

土台となる部分でソイルや砂利や砂などが定番となっている

**魚 Fish**

アクアリウムでは熱帯魚が飼育されることが多い

**その他 Others**

その他にも水槽内の水をろ過するろ過器や水中にエアーを送るエアレーションなど様々なアイテムがある

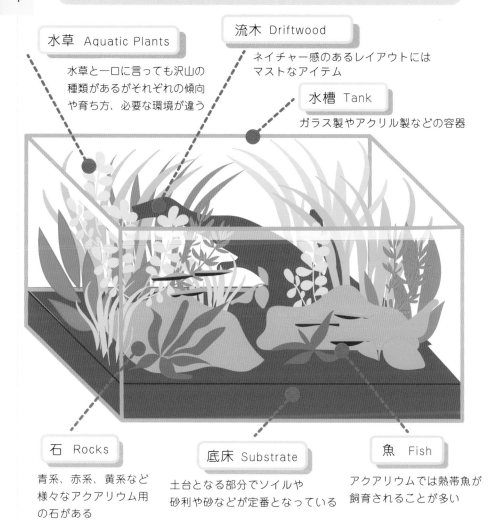

Introduction

# 知ってた？こんなに楽しめるアクアリウム

一軒家タイプ / 60㎝水槽

美しい空間の演出になるだけでなく、家庭に水槽があることで好奇心が刺激され日々の小さな変化をもたらしてくれる

POINT

・日々の変化で好奇心を刺激
・インテリア性の高さ

オフィスタイプ /120㎝水槽

絵画のように眺める楽しみをもたらし、シックなモダン調の家具とも相性がよくインテリア性も◎

オフィスタイプ / 240㎝水槽

造花や切り花にはない生き生きとした水草や生き物の姿は訪れた人々へ空間の印象を強くし、高めてくれる

POINT

- 空間に緑の癒しの効果
- 印象的な空間づくりができる

優雅に泳ぐ美しい魚や青々としている水草は、安らぎやラックスした雰囲気を与えてくれる

クリニックタイプ /150㎝水槽

オフィスタイプ/150㎝水槽

大型の水槽の中に無数の美しい色の熱帯魚が悠々と泳ぐ姿は迫力満点
大きな水槽ならではの魚たちが作り出すコミュニティの様子も眺めていて楽しい

水上部分にも大きくグリーン部分を作ることで大きな水槽が更に大きく美しく見え、癒しの効果が高い

オフィスタイプ/120㎝水槽

＼POINT／
・水族館さながらの迫力を味わえる
・空間の中にあふれる緑を演出できる

Introduction

# 知ってほしい！アクアリウムの魅力

自宅にアクアリウムを設置することの魅力ってひとつじゃないんですよ。まず、日本で普通に生きていたらなかなか見ることのできない熱帯魚や水草を間近でみることができるんです。これは知的好奇心を満たしてくれる魅力的な点だと思います。水族館に行ってみることもできるけど、年に数える程度でしょうし。何より時間や周りを気にせずぼーっと水槽を眺めることは贅沢な癒しになります。テレビを見ていても携帯を見ていても情報が流れ込んでくる時代ですが、水槽というのはただ見つめているだけなんです。意外と現代ではこういったものを見つけるのが難しい気がします。

普遍的に癒しと安らぎを与えてくれる稀な存在だと思っています。また、例えば来客があったときに、犬や猫だとアレルギーや動物が怖くて困るという人はいますが綺麗に管理された水槽であればまず間違いなく歓迎されますよね。生き物が好きな人であれば、知れば知るほど熱帯魚や水草の奥深さやロマンに触れることができます。小さい生態系を自分で維持するということほど生物のロマンを身近に感じられることはないと思うんです。その姿に「なんでこんな色？なんでこんな形？」という疑問がどんどん湧いてくるのです。

# Chapter 2

# みんなどんな水槽持ってるの？

| | |
|---|---|
| 名前： | darsuke71310 |
| 水槽の種類： | 60 ㎝水槽（600×450×360） |
| 始めたきっかけ： | 妻がメダカを飼いたいと言ったところから<br>レイアウトの面白さに目覚め徐々にハマっていきました。 |
| やっててよかったこと： | 自分の思い通りにいかない面白さ。日々の成長の観察。<br>部屋の中で感じられる自然。癒し。 |
| 苦労したこと： | 苦労は無いですが、生き物を相手にしているという<br>責任感は忘れないようにしています。 |
| これから始める方への<br>アドバイス： | 作って楽しい、育てて楽しい、見て楽しい趣味なので、<br>是非自分の作り上げた世界を楽しんでほしいです。 |

| | |
|---|---|
| 名前： | tessy ／ teshi_aqua |
| 水槽の種類： | 60 ㎝水槽（600×300×450） |
| 始めたきっかけ： | デスクに置く観葉植物を探していたときにボトルアクアリウムの存在を知る。100 円ショップのボトル、組織培養カップ（グロッソスティグマ）、ソイル、そのへんに落ちてた石で立ち上げる。 |
| やっててよかったこと： | 日々の癒し、無心でメンテする時間含め ストレス解消になる。 |
| 苦労したこと： | 仕事柄不在の日があり、維持のための工夫が必須。 |
| これから始める方へのアドバイス： | 飼ってみたいお魚、やってみたいレイアウト、何でもいいので本やSNSで理想（目標）の水槽を見つけてまずやってみましょう。失敗したらと不安に思うかもしれませんが大丈夫です。大体みんな失敗しています。 |

| | |
|---|---|
| 名前： | coco_aqua_home |
| 水槽の種類： | 36 ㎝水槽 (360×220×260) |
| 始めたきっかけ： | お洒落なガラス容器で飼われていたベタを見て<br>私もやってみたいと思いました。 |
| やっててよかったこと： | 換水後の水の煌めきを眺めるのが至福の時です。<br>生活に癒しができます。 |
| 苦労したこと： | 様々なコケとの戦い。 |
| これから始める方<br>へのアドバイス： | アクアリウムの楽しみ方は今や多種多様なので、まずは<br>ご自身が心惹かれた物を取り入れられるといいと思います。 |

| | |
|---|---|
| 名前： | n.tommy528 |
| 水槽の種類： | 30 ㎝キューブ水槽（300×300×300） |
| 始めたきっかけ： | 妻と一緒に近所の川でモロコを捕まえて<br>飼い始めたこと。 |
| やっててよかったこと： | なんと言っても癒されますよね。 |
| 苦労したこと： | 特に思い浮かばないです。 |
| これから始める方<br>へのアドバイス： | コケに負けないように<br>最初こそ水草を 沢山入れましょう。 |

| | |
|---|---|
| 名前： | mizukusa_sgr |
| 水槽の種類： | 60 ㎝水槽（600×300×360） |
| 始めたきっかけ： | プロたちの水槽ギャラリーを見学した際の衝撃と感動です。 |
| やっててよかったこと： | ガラス水槽の中で再現された自然が日々移り<br>変わっていく美しい様を見られること。 |
| 苦労したこと： | 水質の変化や水草・生体の健康状態を日々管理<br>しないといけないこと（苦労はあるが楽しい）。 |
| これから始める方<br>へのアドバイス： | 水草と魚どちらかではなく、両方始めてほしいです。<br>水草が繁茂し澄み切った水の中を熱帯魚が泳ぎ回る姿は<br>アクアリウムの醍醐味であり本当に感動し癒されます！ |

| | |
|---|---|
| 名前： | n.tsuttsu |
| 水槽の種類： | 90 ㎝水槽（900×450×450） |
| 始めたきっかけ： | 植物や自然が好きだったんですが伝説的な方が作ったネイチャーアクアリウム水槽にインスパイアされ自分で水草水槽に挑戦しました。 |
| やっててよかったこと： | 水槽を眺めていると現実逃避ができ、何より癒される。また、アクア仲間ができて楽しいです！ |
| 苦労したこと： | 資金面。レイアウト素材や水草が高い！ |
| これから始める方へのアドバイス： | この小さな水槽の中で自然を再現できる素晴らしい趣味です。小さい自然なので水換えなど手間は掛かりますが、それもアクアリウムです。部屋に自然を取り入れてはいかがですか？ |

| | |
|---|---|
| 名前： | green_fish__ |
| 水槽の種類： | 90cm 水槽 (900×450×450) |
| 始めたきっかけ： | 元々興味がありましたが会社の同僚に勧められ始めました。 |
| やっててよかったこと： | レイアウトに夢中になれる。癒し。仲間ができました。 |
| 苦労したこと： | コケとの戦い・費用との戦い・地震との戦いです。 |
| これから始める方へのアドバイス： | まず人の真似をすること。先生は一人にすること。<br>管理はマメであること。 |

| | |
|---|---|
| 名前： | aquacider |
| 水槽の種類： | 30 ㎝キューブ水槽（300×300×300） |
| 始めたきっかけ： | お祭りでの金魚すくい。 |
| やっててよかったこと： | 魚の泳ぎや水草の生長、水の揺らぎやたゆたう気泡を見ることで癒されたり楽しんだり喜びを感じられること。SNS を通じて共通の趣味の方たちとコミュニケーションが取れるところ。 |
| 苦労したこと： | 現在はありませんがアクアリウムを始めたばかりの頃は知識や機材も無く魚が病気になったり水草が育たなかったりコケが大量発生したり思いつくような失敗は全てしてきたような気がします。 |
| これから始める方へのアドバイス： | まずはどんな水槽やレイアウトをつくりたいのかをネットや SNS を通じて沢山見て、調べて参考にすることで失敗を減らすことができるのかなと思います。 |

| | |
|---|---|
| 名前： | shiytake |
| 水槽の種類： | 30cm キューブ水槽 (300×300×300) |
| 始めたきっかけ: | 息子がベタを飼い始めたのがきっかけです。飼育方法などを調べているときに偶然目に入ったネイチャーアクアリウムの水槽に一目惚れしてしまい、一気にハマってしまいました！ |
| やっててよかったこと： | 日常に彩りや癒しが加わり日々の生活が豊かになりました。お店や SNS で同じ趣味の方々との素晴らしい出会いもありました。 |
| 苦労したこと： | ネイチャーアクアリウムは日常の管理と定期的なメンテナンスが大切なのですが、これをいかに楽しめるかがポイントだと思います。 |
| これから始める方へのアドバイス： | 熱帯魚や水草が綺麗に育ったときの喜びは本当に素晴らしいものです。また、知れば知るほど奥が深くておもしろい趣味ですが、あまり気にしすぎることなく自分のペースで楽しむことが何より大切だと思います。 |

# Chapter 3

# アクアリウムの道具と使い方

Specialized supplies of Aquarium

Introduction

# カテゴリー・用途別 アクアリウム用品の紹介

## Category 1 水槽などの容器

まず最初に用意するのは水槽やボトルといった容器
ガラスやアクリルなどの素材から大きさや形まで
色々とあるのでそれぞれの用途や目指すもので選ぼう！

34ページへ

## Category 2 ろ過をするための機器

水槽の中の水を綺麗に保つためには必須のアイテムである
ろ過器も水槽の大きさや水量、育成している水草や生体に
よって必要なスペックが変わる

42ページへ

## Category 3 水草の光合成を促すライト

水槽内を明るく照らして見やすくするだけではなく水草
の育成にも貢献するライト
最近では色々な種類のLEDライトが販売されている

47ページへ

Introduction

# 水槽の種類

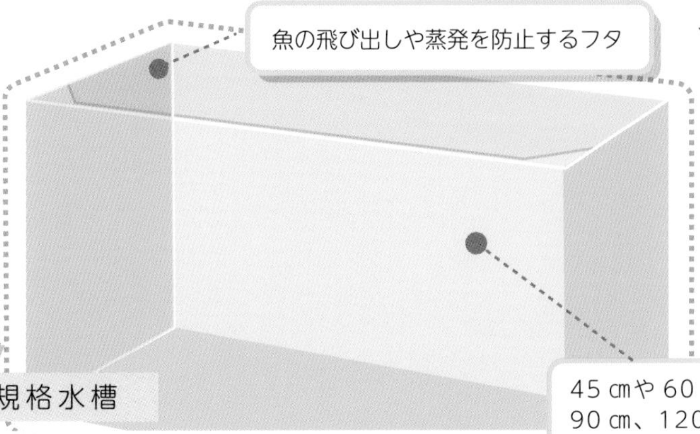
魚の飛び出しや蒸発を防止するフタ
45 ㎝や 60 ㎝、
90 ㎝、120 ㎝などがある

## 規格水槽

大量生産向けに決まったサイズで作られた水槽。
多くの水槽用品はこの規格水槽をベースに作られているので最もスタンダードな水槽ともいえる。

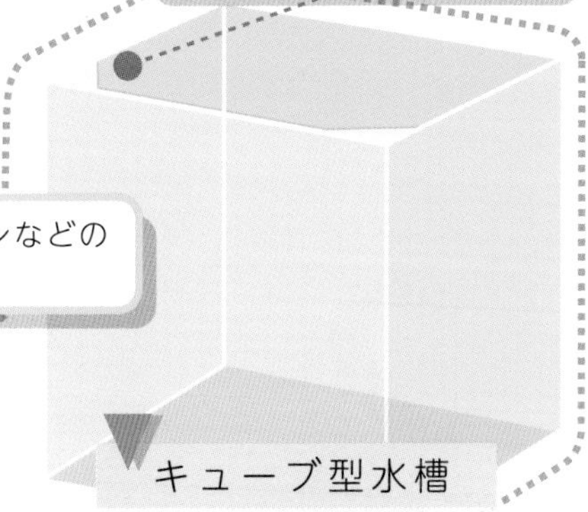
こちらも専用のフタが
用意されていることが多い

## キューブ型水槽

奥行や高さ・横幅の長さが同じで立方体の形をしている水槽。
近年この形の水槽に人気がある。

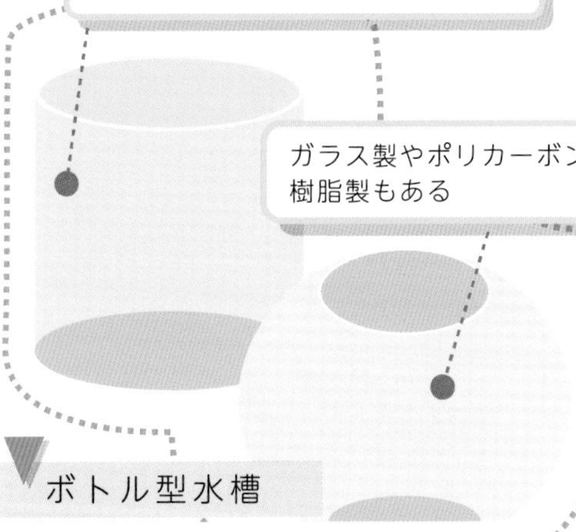
小型の魚や水草の育成に適している
ガラス製やポリカーボンなどの
樹脂製もある

## ボトル型水槽

形に決まりはなく小型のものが多い。
インテリア性が高いことや持ち運びがしやすいので特に女性に人気がある。

鳥や獣から守るためにネットや
フタをすることをお勧めする

## ビオトープ型水槽

屋外に設置することが前提でプラスチックや樹脂製のものが多い
最近では木枠で囲むオシャレなビオトープカバーもある

Standard Tank

## 規格水槽

ベーシックかつ扱いやすい

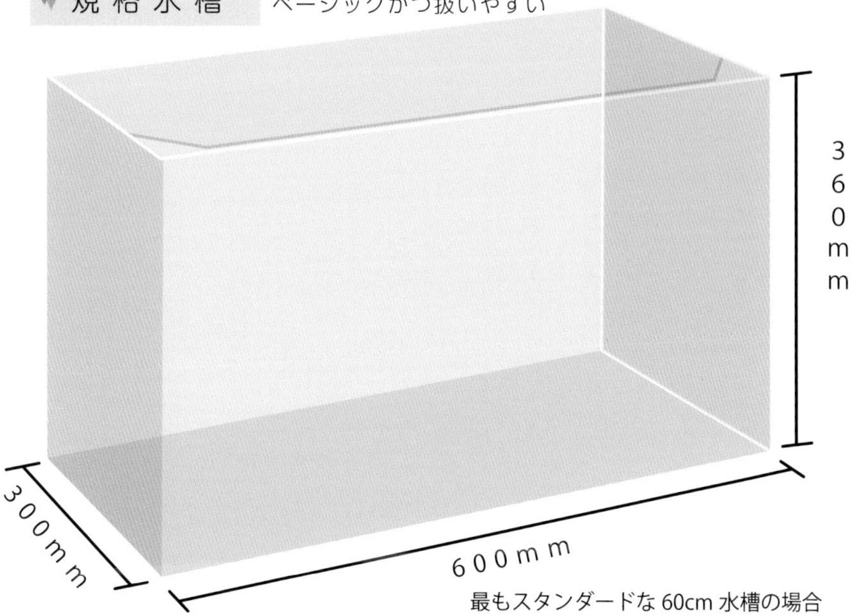


最もスタンダードな60cm水槽の場合

| 規格 | 大きさ | 水量 |
|---|---|---|
| 45cm水槽 | W45cm×D30cm×H30cm | 約40.5ℓ |
| 60cm水槽 | W60cm×D30cm×H36cm | 約65ℓ |
| 90cm水槽 | W90cm×D45cm×H45cm | 約182ℓ |
| 120cm水槽 | W120cm×D45cm×H45cm | 約243ℓ |

Recommended POINT!

### 規格水槽のいいところ

別名レギュラー水槽とも呼ばれるくらいアクアリウムではスタンダードな水槽。付属用品や専用器具の展開が最も多いのでフィルターやエアレーションなどのカスタマイズの幅が広い。オールマイティな水槽で黄金比に基づいて作られた美しいフォルムなのも魅力。また大量生産されているので特殊な形の水槽に比べると値段も比較的安価。また、水量も大きく水質が安定しやすいので初心者の方にもおススメし易いサイズ。

Who are they?

**GEX** ジェックス
日本の最大のアクアリウム用品メーカー
豊富な商品ラインナップと手ごろな価格帯が魅力

フレームレス水槽は
すっきりとしているので
水草で自然感を演出する
のにおススメな水槽

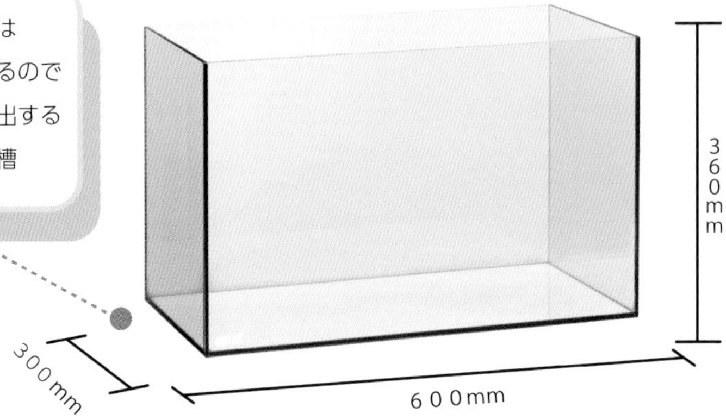


**GEX** グラステリア 600ST 水槽

水槽サイズ / 約幅600mm 奥行300mm 高さ360mm
水槽容量 / 約57L
ガラス厚 / 5mm

フレーム部分が水槽についているので持ち運びやすく強度が高い

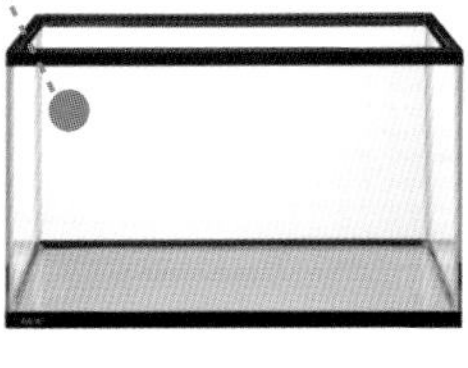

**GEX** マリーナ幅 60cm 水槽 MR600BKST-N

水槽サイズ / 約幅 600mm 奥行 300mm 高さ 360mm
水槽容量 / 約 57L
ガラス厚 /3mm

曲げガラスという高い技術を用いて
作られた水槽
優美な曲線美を楽しめる

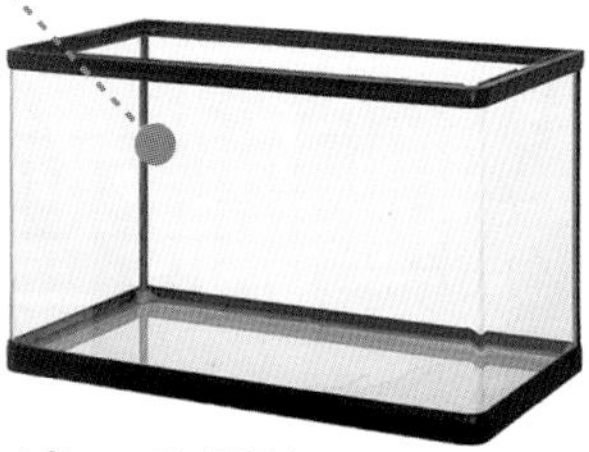

**GEX** ラピレス RV60N

水槽サイズ / 約幅 600mm 奥行 300mm 高さ 360mm
水槽容量 / 約 56L
ガラス厚 /5mm

オールガラスなのでインテリアに
溶け込みやすくスッキリとした印象
のフレームレス水槽
美しい水景を作るならやっぱりこれ

■GEX グラステリア 600ST 水槽

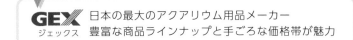

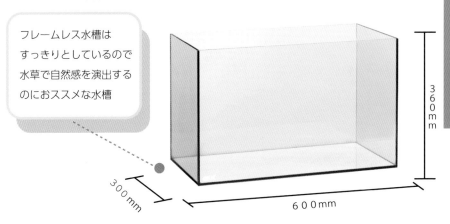

Who are they?

## Suisaku スイサク

魚づくりは水づくり

八角形のユニークな形をしたろ過器
「水作エイト」で有名なアクアリウム用品メーカー

### Suisaku ハーモニーS

水槽サイズ / 幅 315mm 奥行き185mm 高さ 245mm
水槽容量 / 約12L
ガラス厚 /3mm

■ 水作 ハーモニー S フィットプラスセット

### Suisaku きんぎょファミリーL

水槽サイズ／幅 398mm 奥行き 254mm 高さ 280mm
水槽容量／約 23L
ガラス厚／ 3mm

立ち上げに必要な基本用品をセット販売している

実際に水槽を使っている様子を見ると大きさのイメージが湧きやすい

■ 水作 きんぎょファミリーL

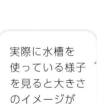

Cube tank

# キューブ型水槽

オシャレで取り回しが良い

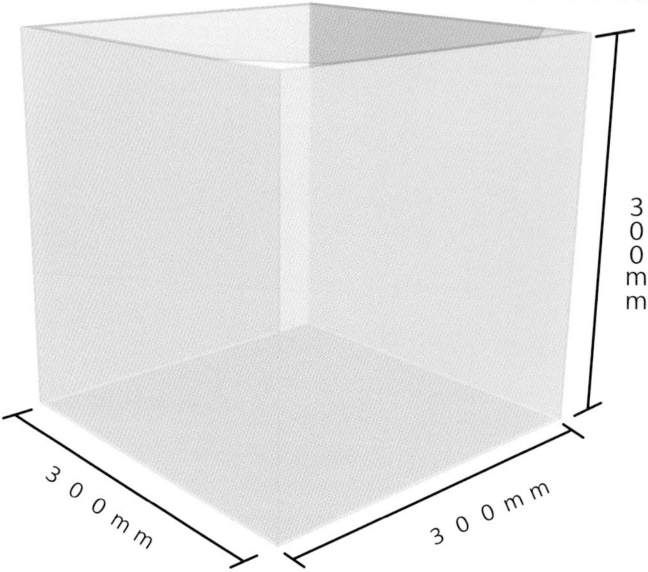


30㎝キューブの場合

| 規格 | 大きさ | 水量 |
|---|---|---|
| 15㎝キューブ水槽 | W15㎝×D15㎝×H15㎝ | 約3ℓ |
| 20㎝キューブ水槽 | W20㎝×D20㎝×H20㎝ | 約7ℓ |
| 25㎝キューブ水槽 | W25㎝×D25㎝×H25㎝ | 約15ℓ |
| 30㎝キューブ水槽 | W30㎝×D30㎝×H30㎝ | 約25ℓ |

Recommended POINT!

## キューブ水槽のいいところ

キューブ水槽はその名の通りキュービック、つまり立方体の水槽です。横幅が規格水槽に比べて小さいが奥行はしっかりあるので規格水槽のような立体感や迫力を出すことができるんです。また従来の規格水槽に比べて形が目新しいのでオシャレな雰囲気があり専用の水槽台じゃなくても置きやすい形なのでインテリア性が高いですね。

近年は色々なメーカーからこのタイプの水槽が販売されていて器具や用品も充実しています。

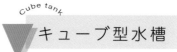

見た目よりも奥行があるので
奥行がでるような
レイアウトも楽しめて、
狭いところにも置きやすい。

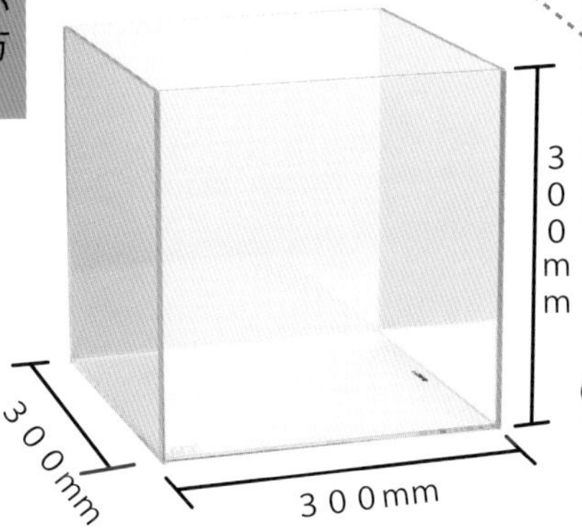


## GEX グラステリア 300 キューブ水槽

水槽サイズ / 約幅 300mm 奥行 300mm 高さ 300mm
水槽容量 / 約 24 L
ガラス厚 /5 ㎜

Who are they?

**KOTOBUKI**
コトブキ

古くから観賞魚用品を製造・販売している
老舗のアクアリウムメーカー

## KOTOBUKI クリスタルキューブ 300/B 水槽

水槽サイズ / 約幅 300mm 奥行 300mm 高さ 300mm
水槽容量 / 約 25 L
ガラス厚 /5 ㎜

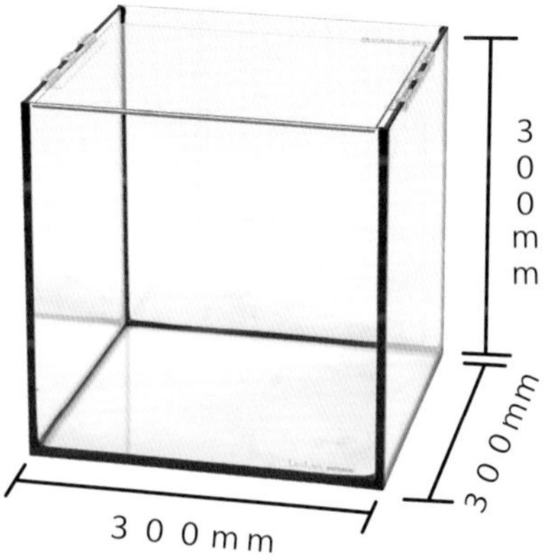

Bowl Tank

# ボトル水槽

コンパクトでかわいい

ボトル水槽でも飼育できる
オススメの生き物

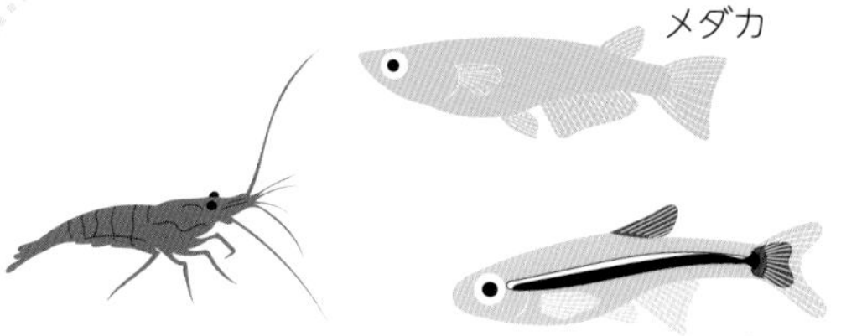


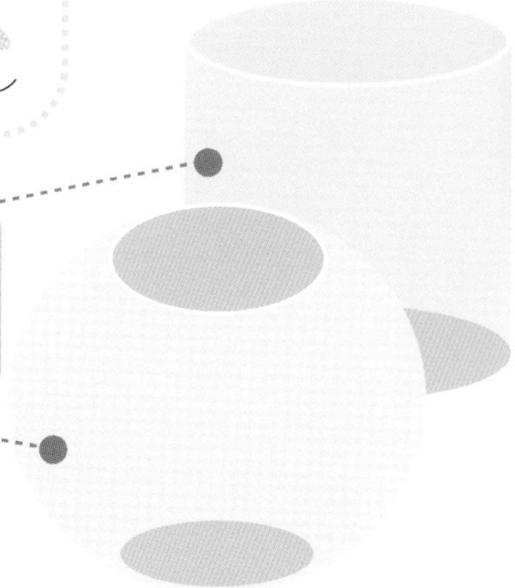

規格水槽やキューブ型水槽に比べると水量が減るので水草を入れて少ない数の小型の魚やエビを飼育しよう！

## GEX グラスアクアリウム スロープ

水槽サイズ / 約Φ150×185mm（低い部分 125mm）
水槽容量 / 約 1.5L

ボトルの中に大きめの石や流木を入れて高さを出すことでコケなどの陸生の植物も一緒に楽しむことができる

360 度どこからでもボトルの中を見て楽しむことができる

## GEX グラスアクアリウム スフィア

水槽サイズ / 約幅 220mm 奥行 220mm 高さ 185mm
水槽容量 / 約 4.5L

Biotope Tank

# ビオトープ水槽

玄関先や軒先で楽しめる

夏場は暑く、冬場は寒くても
元気でいられる丈夫な魚や
水辺の植物をチョイスしよう！

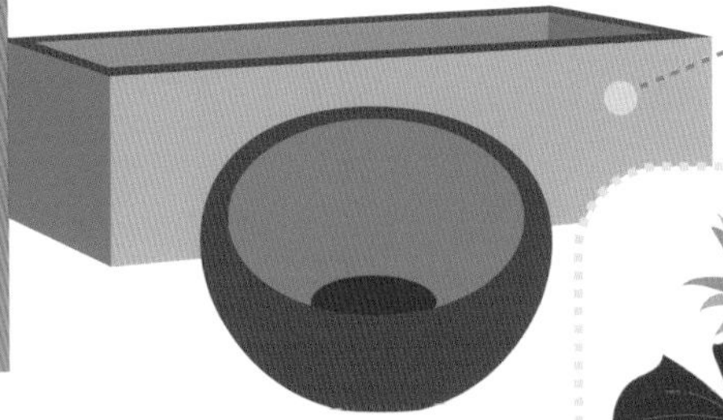

ビオトープ水槽で使える
オススメの水辺の植物

**GEX** メダカ元気 メダカのための飼育鉢
黒 420　みかげ 370

[黒 420] 本体サイズ / 約幅 420mm 奥行 420mm 高さ 200mm
水容量 / 約 16L

[みかげ 370] 本体サイズ / 約幅 370mm 奥行 370mm 高さ 200mm
水容量 / 約 12L

Recommended POINT!

## ビオトープのいいところ

なんと言ってもビオトープのいいところは機材無しでできるので電気代がかからないことですね。生態系を作り出すことでなるべく人の手をかけずに自然の雰囲気を味わうことができるのも魅力です。また、最近人気の高いメダカもビオトープで飼育する方がとても増えました。

Introduction

# フィルター（ろ過）とは

水槽の中に水を入れてそこで水草や生体を飼育するということは勿論水の中に汚れがたまっていきます。その汚れをろ過をし、きれいな水に戻す必要があります。目には見えなくても水は放っておけばどんどん汚れていくので水槽の規模や水槽の中の様子を確認してフィルターを選び設置しましょう。

## 外掛けフィルター

水槽の背面から引っ掛けるタイプのフィルター
吸水スポンジが水中から水をくみ上げろ材マットを通過した水が出てくる仕組み
掃除がとても簡単

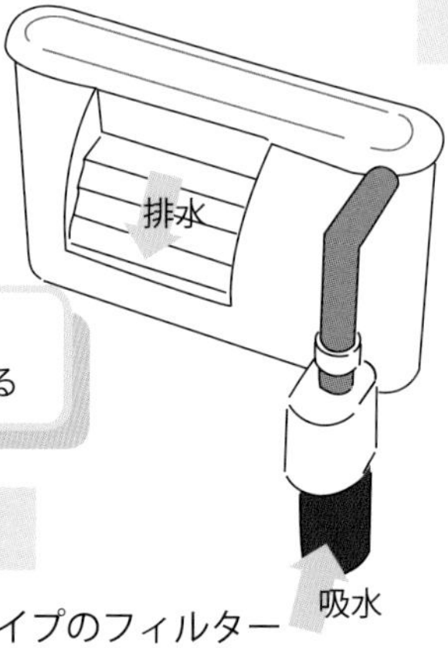


汚れてきたら
ろ材 ( マット ) を交換する

## 投げ込み式フィルター

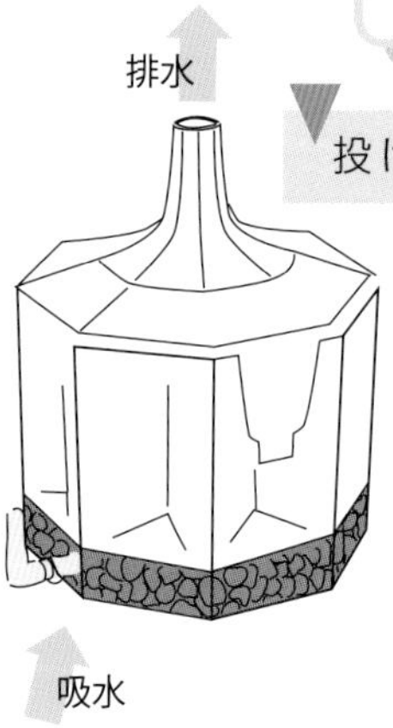


水中に沈めて使うタイプのフィルター
エアレーションと一緒になっているので
１つ入れておけば２つの役割を果たしてくれる

エアレーションの力を使った
ろ過なので優しい水流をつくる

## エアリフト式底面フィルター

底床の下に敷き底床の隙間から吸水し、上部のポンプから水槽内にきれいな水を出す仕組み汚れのたまりやすい底面から水を引き込むので水槽全体に水が行き渡る

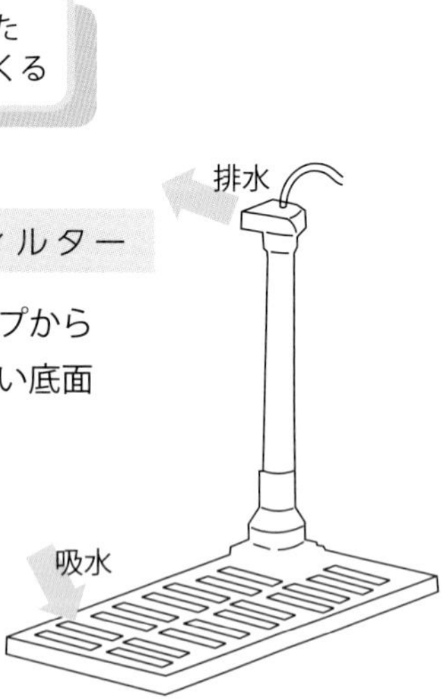


砂やソイルを底床として使うときは
ウールマットなどを下に敷き粒子を
吸い込ませないよう注意

# 3種類のフィルターのそれぞれの用途

水量や水槽などの形状によって
使えるフィルターの種類が
変わるので水槽を選んでから
フィルターを選ぼう！

## 外掛けフィルター

ひっかけるだけなので設置が簡単かつ、掃除も付属のろ過用マットを交換するだけなので楽

- ➡設置や掃除が簡単
- ➡45 ㎝以下の水槽であれば十分なろ過能力

## 投げ込み式フィルター

エアレーションポンプと組み合わせて使うのでエアーの供給が同時にでき、比較的安価

- ➡エアー供給も一緒にできる
- ➡手ごろな値段なので始めやすい

## エアリフト式底面フィルター

底床の下に設置するので水槽内の水が全体的に循環し水槽内が酸欠になりにくい

- ➡見た目がすっきり
- ➡酸欠になりにくい

Introduction

## 外部式フィルターとは

前のページにある３種類のフィルターと違い大型の本格的なろ過装置です。水草専用水槽や 60 ㎝水槽で多くの生体の飼育を目指す人などにおススメするフィルターです。

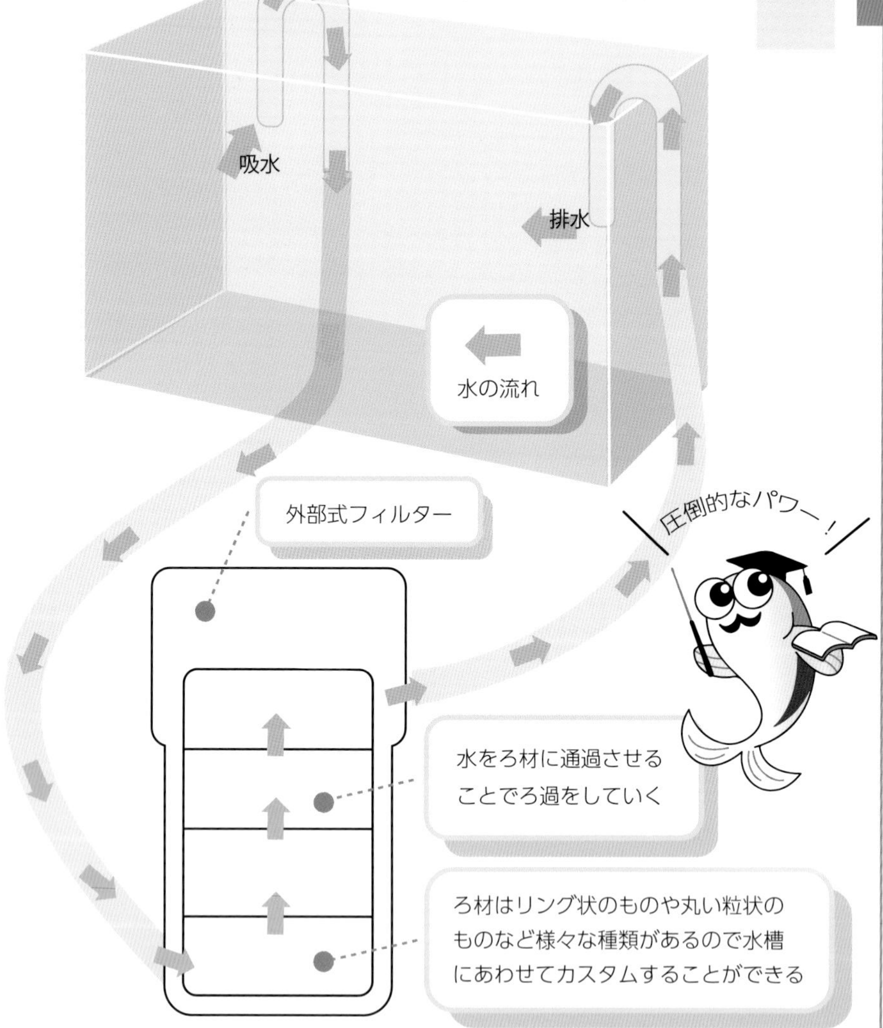
吸水
排水
水の流れ
外部式フィルター
圧倒的なパワー！
水をろ材に通過させることでろ過をしていく
ろ材はリング状のものや丸い粒状のものなど様々な種類があるので水槽にあわせてカスタムすることができる

外部式フィルターの仕組み

## EHEIM エーハイム クラシック 2213

適合水槽 ( 目安 ) / 45 ～ 75 ㎝水槽 ( 約 40 ～ 114 ℓ )
本体サイズ / 約 (D)180×(H)354mm ※突起部含む

ドイツ生まれの大人気外部式フィルター
シンプルで使いやすく日本国内でもユーザーが多いロングセラー商品

## GEX メガパワー 6090

適合水槽 ( 目安 ) / 60 ～ 90cm 水槽
本体サイズ / 約φ20×33cm

頑丈なつくりと大きなろ過槽がポイント
モーターが水中にあるので静音性に優れている

外部式フィルターの選び方についての
解説動画はコチラから▶

アクアリウム大学　外部式フィルター

https://www.youtube.com/@aquarium-u/videos

Introduction

# キャビネットの中身

普段隠れていて見れない実際の外部式フィルター等の設置例

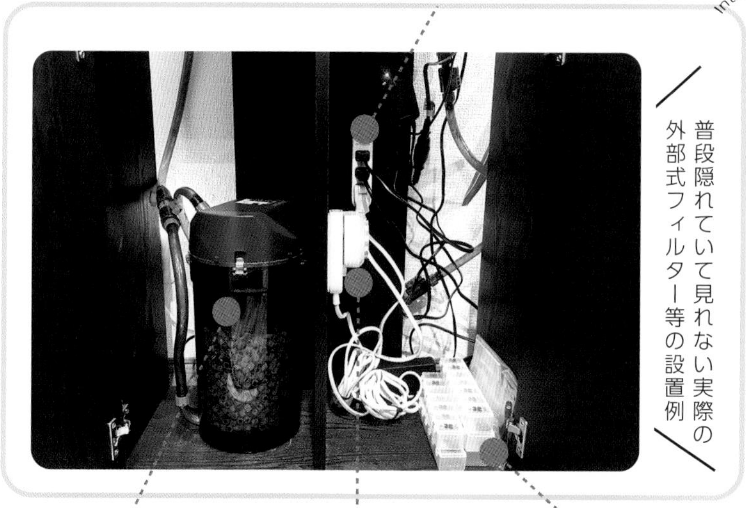
コード類はきちんとまとめておく
外部式フィルター
ヒーター・ライトのタイマー
熱帯魚の餌ケースなど

外部式フィルターは水槽台の中に格納しているケースが多いが水槽の横に置くことができるタイプのものもある
外部フィルター等のコンセント類が近いので
コード類はきちんときれいにまとめ漏電や水による感電を防ぐ工夫をすること

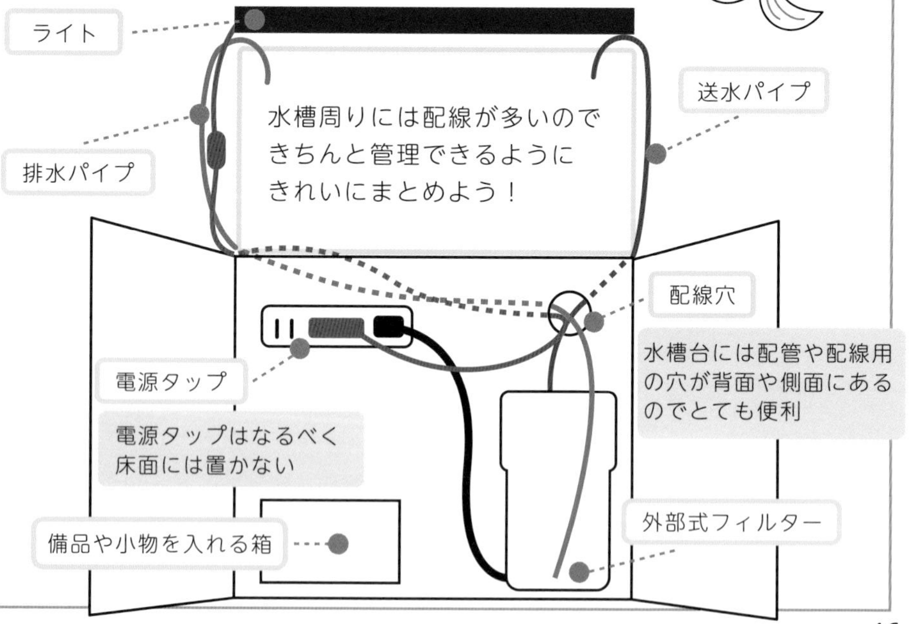
ライト
送水パイプ
排水パイプ
水槽周りには配線が多いので
きちんと管理できるように
きれいにまとめよう！
配線穴
水槽台には配管や配線用の穴が背面や側面にあるのでとても便利
電源タップ
電源タップはなるべく
床面には置かない
外部式フィルター
備品や小物を入れる箱

Introduction

## ライトの必要性

水槽の中に水草を入れている場合は特に照明が必要になります。水草の光合成には光が必須だからです。
明るい光を好む水草もいれば暗めなところでも育つ水草もありますが基本的には毎日 8 時間程度ライトを点灯しましょう。
水槽内の異変にも早く気付けるようになります！

## ライトの種類

### スタンドライト

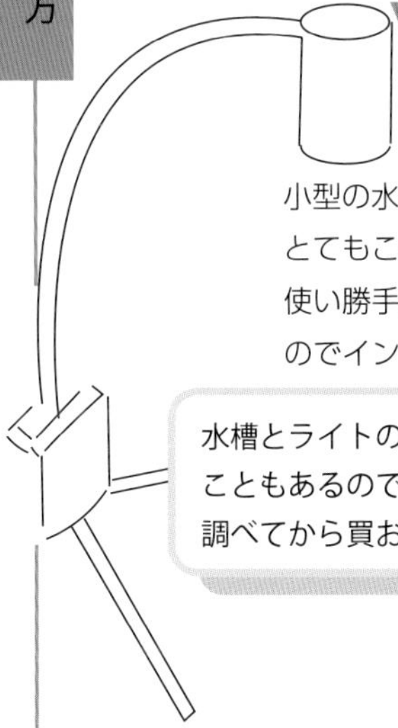

小型の水槽やボトルアクアリウムで
とてもこのライトは重宝する
使い勝手が良く、見た目もすっきりしている
のでインテリアにもなじみやすい

水槽とライトの高さが合わない
こともあるので事前にしっかり
調べてから買おう！

### ペンダントライト

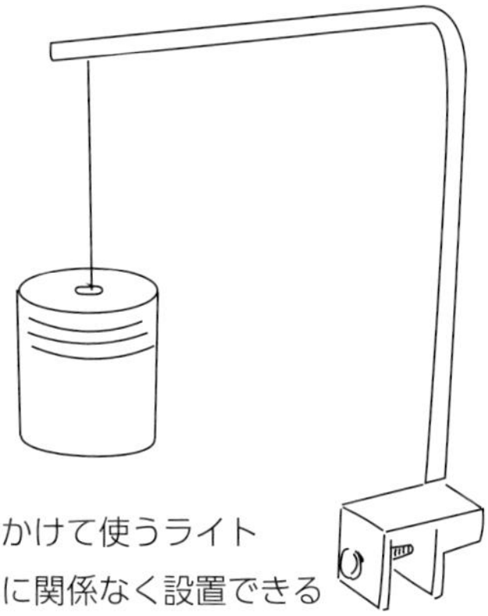

水槽などの容器のふちにかけて使うライト
見た目が良く水槽の高さに関係なく設置できる
しっかり固定されるので安定する

球型の容器などのカーブが強い
水槽には設置できない

### 置き型ライト

水槽の端から端まで明るく照らすことのできる
LED ライト規格水槽の各サイズに対応していて
種類も多い水草を育てるだけではなく
水槽の中を美しく照らし出す

LED なので電球の寿命は長いが
電化製品なので水の中に落とさない
ように気を付けよう

水槽用のライトについて
の配信動画はコチラ！

アクアリウム大学　ライト

https://www.youtube.com/@aquarium-u/videos

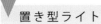

# Chapter 4

# 初心者でも育てやすい熱帯魚と水草

Beginners' Aquarium Fish

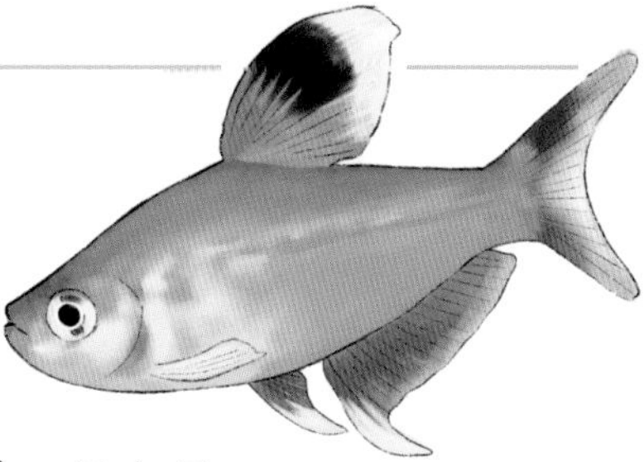

## ホワイトフィンロージーテトラ

カラシン目カラシン科
英名 Rosy Tetra
学名 Hyphessobrycon rosaceus

体長 3~4cm 程度
寿命 3~4 年程度

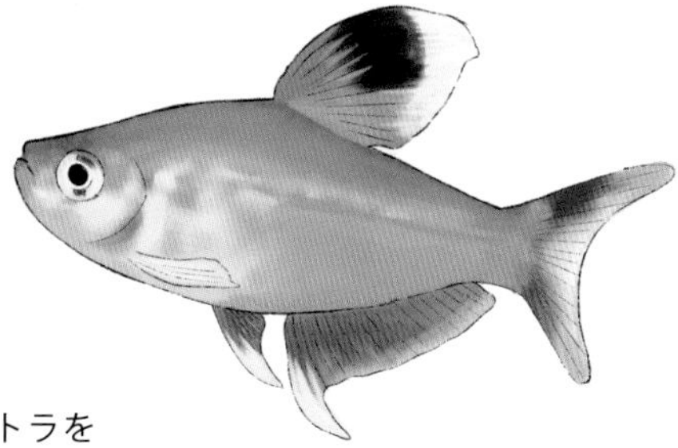

アマゾン川を原産とするロージーテトラをベースに品種改良されたテトラの一種。
小型のテトラで腹びれのや背びれの先端が白いのが特徴。
ボディは全体的に透明感のあるオレンジ~ピンク色がかっている。
性格は温和だがオス同士はヒレを大きく広げて威嚇しあう「フィンスプレッティング」の姿をみることができる。

## コリドラス アドルフォイ

ナマズ目カリクティス科
英名 Adolfo's catfish
学名 Corydoras adolfoi

体長 4 ~ 6cm 程度
寿命 3 ~ 5 年程度

アマゾン川原産のコリドラスの一種。頭頂部がオレンジ色で背中が黒く、目元にはバンドと呼ばれる特徴的な模様がある。底砂を掘り起こして餌を探す姿やそのおどけたような見た目がとてもかわいらしく昔から非常に人気のある熱帯魚。性格は非常に温厚で同種と群れて生活する。

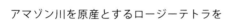

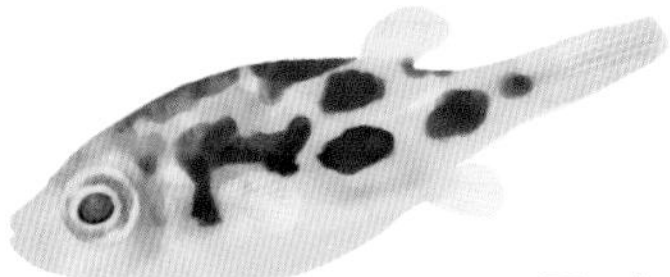

## アベニーパファー

フグ目フグ科
英名 Dwarf pufferfish
学名 Carinotetraodon travancoricus

体長 2 ～ 3cm 程度
寿命 3 ～ 4 年程度

インド原産の世界最小の淡水フグ。最大でも3㎝程度の黄色いボディとキョロキョロと動くくりくりとした大きなした目が可愛らしい。
また泳ぎ方も独特で見ていて飽きない。
ただし小さくてもフグなので歯がありヒレの長い魚と同じ水槽内で飼育するとかじって弱らせてしまうことがあるので混泳する魚には注意が必要。

## アルビノグローライトテトラ

カラシン目カラシン科
英名 Glowlight tetra
学名 Hemigrammus erythrozonus Var.

体長 2 ～ 3cm 程度
寿命 2 ～ 4 年程度

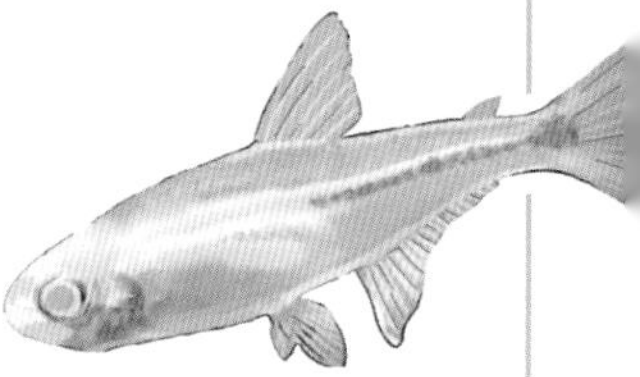

南米ギアナ原産の熱帯魚グローライトテトラの改良品種。
体が透けているため内臓や背骨がはっきり見える面白い魚。
アルビノ種であるため体同様、目の中の色素も薄い個体がほとんど。
その不思議な雰囲気と乳白色の体から「天使のような魚」と呼ばれることもある。性格は温厚で群れて泳ぐので複数匹での飼育を推奨。

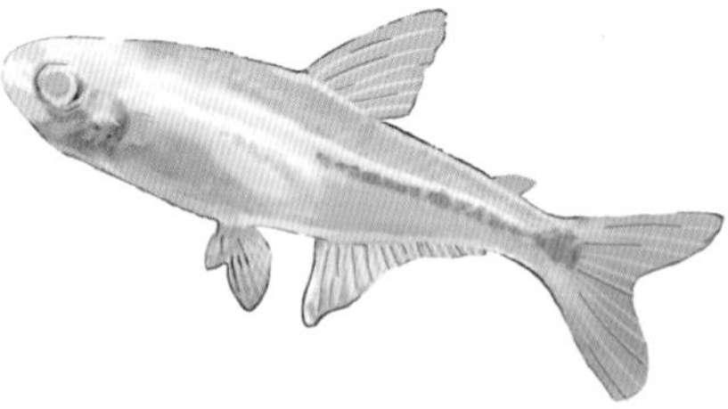

## オトシンクルス

ナマズ目ロリカリア科
英名 Otocinculus/Algae eater
学名 Otocinclus

体長 3 ～ 5cm 程度
寿命 2 ～ 4 年程度

南米アマゾン川を中心に広く分布するナマズの仲間。体の側面に入った黒い一本線が特徴的。口が吸盤状になっていてコケを好んで食べるためアクアリウムの世界では広く「お掃除屋さん」として知られている。病気になりにくく性格も温和なため１つの水槽に１匹はいてほしい存在。オトシンクルスによく似ていて一回り小さな種類の「オトシンネグロ」もメンテナンスフィッシュとして人気がある。

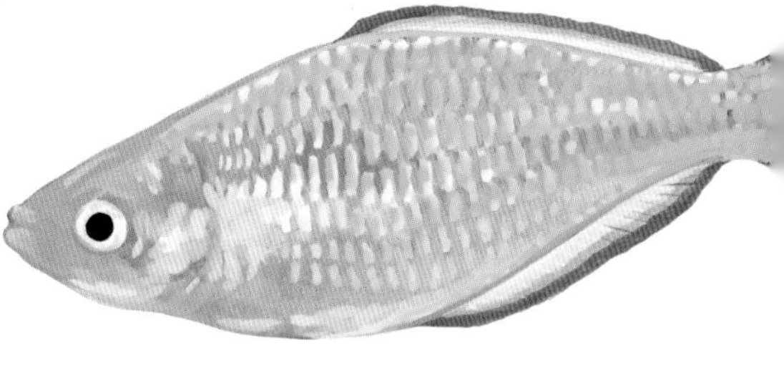

## ネオンドワーフレインボー

トウゴロウイワシ目メラノタエニア科
英名 Dwarf rainbowfish
学名 Melanotaenia praecox

体長 4 ～ 7cm 程度
寿命 2 ～ 4 年程度

インドネシア原産の熱帯魚。青みがかった光沢のあるメタリックなボディが美しい。体は平たく体高がある。性格は温厚で他の魚と一緒に飼育することができる。また適応できる水質の幅が広いので比較的飼育が容易な種類のレインボーフィッシュ。

## カージナルテトラ

カラシン目カラシン科
英名 Cardinal tetra
学名 *Paracheirodon axelrodi*

体長 3 ～ 4cm 程度
寿命 2 ～ 3 年程度

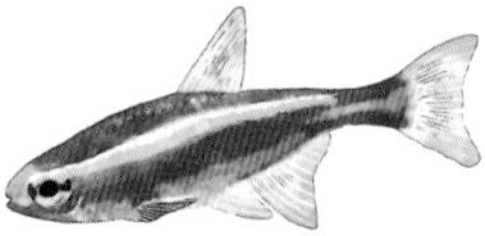

アマゾン川流域に生息する熱帯魚。青い背中に水色の一本線が側面に入って腹部は全体が赤い。見た目が非常にネオンテトラに似ているが別の種類で赤い部分がネオンテトラよりも多いのが特徴。水草などが多く植えられた水槽ではその赤いボディと光沢のあるブルーのラインが目立ち、まとまった数で泳いでいる姿は存在感がある。性格は大人しく丈夫な種であるため他の魚との飼育が可能。しかし、小さな魚のため大型の魚と同居すると食べられてしまうのでなるべく同じサイズ感の魚を同居させることをおススメする。

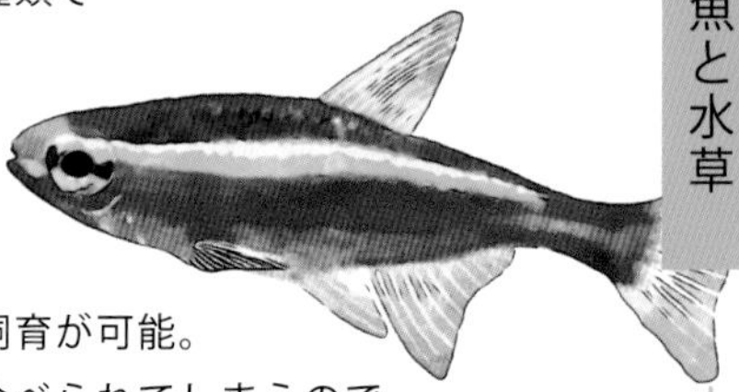

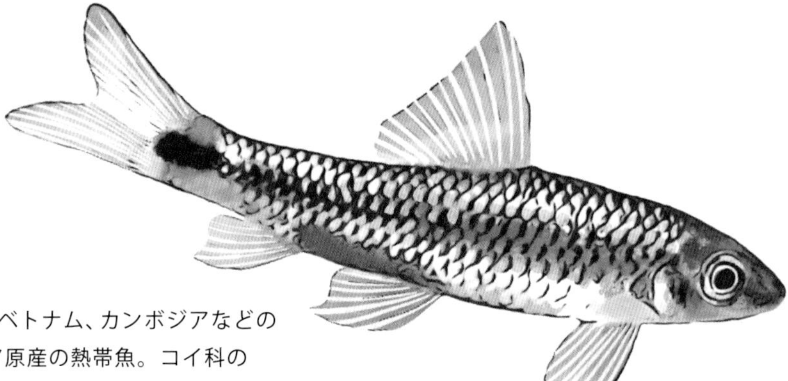

タイや、ベトナム、カンボジアなどの東南アジア原産の熱帯魚。コイ科の名にふさわしくメタリックで大きな鱗を持つ。尾ひれの付け根あたりに黒い斑点模様があるのが特徴。よく似た魚にサイアミーズフライングフォックスという種類がいるが、シルバーフライングフォックスの方が成長してからもコケを食べてくれるので長い期間水槽内のお掃除屋さんとしての活躍が期待できる。水槽内にコケが生えていればそれを食べるので経済的な魚でもある。

## シルバーフライングフォックス

コイ目コイ科
英名 Silver flying fox
学名 *Crossocheilus reticulatus*

体長 4 ～ 15cm 程度
寿命 5 ～ 10 年程度

## コリドラスパレアタス

ナマズ目カリクティス科
英名 Corydoras paleatus
学名 Corydoras paleatus

体長 4 ～ 6cm 程度
寿命 3 ～ 6 年程度

　ブラジル原産の熱帯魚でナマズの仲間。通称青コリとして知られている。コリドラスはこのとぼけた顔と水槽の底面に鼻先をつっこみエサを探している姿がとても可愛らしく熱狂的なファンも多い種類の魚だが、青コリはその中でも丈夫でグレーのマーブル模様が特徴の熱帯魚。性格は大人しくコリドラス同士で群れて過ごすため複数匹での飼育をおススメする。

## ゴールデンハニードワーフグラミー

スズキ目オスフロネムス科
英名 Golden Honey Gourami
学名 Colisa sota vers

体長 5 ～ 6cm 程度
寿命 2 ～ 3 年程度

　東南アジア原産の熱帯魚でハニードワーフグラミーの品種改良種。グラミーの中では小型な種類。目を引く鮮やかな明るい黄色～オレンジ色の体色とアンテナのような２本の長い腹ビレが特徴。このアンテナが実は触角のように動くので見ていて面白い。１匹いるだけでも水槽での存在感がかなりある。ただし泳ぐのがあまり得意ではないので水流の強さには注意が必要。

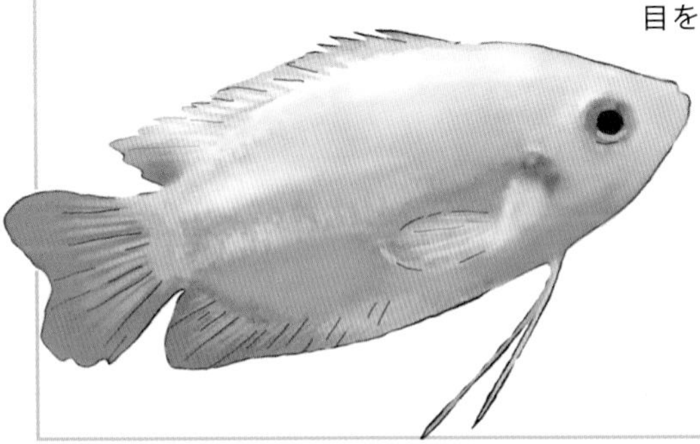

## ラスボラエスペイ

コイ目コイ科
英名　Lambchop rasbora
学名　*Trigonostigma espei*

体長 2 ～ 3cm 程度
寿命 2 ～ 4 年程度

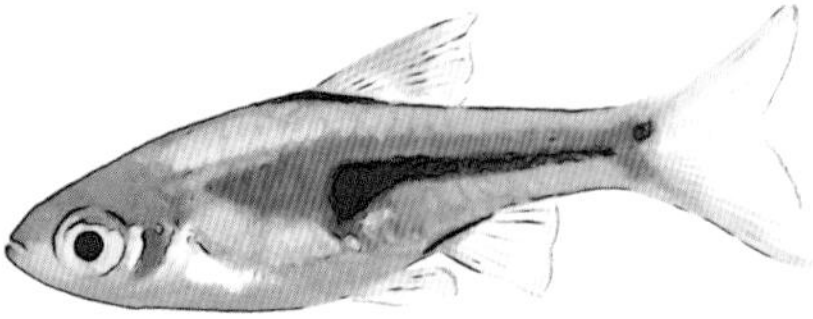

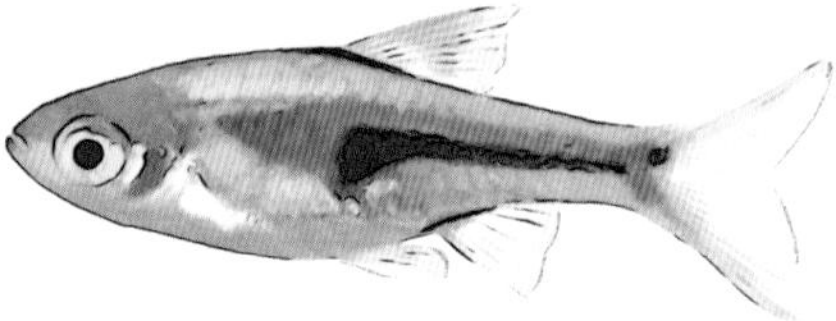

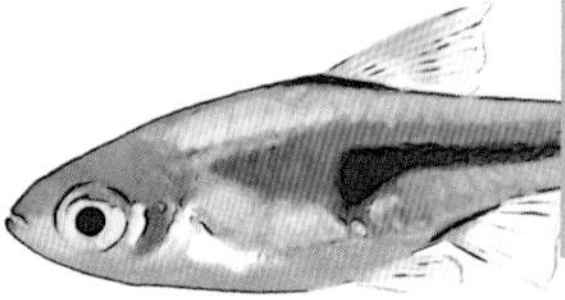

カンボジア原産の熱帯魚で明るいオレンジ色のボディに黒い模様の入った美しい魚。小型魚の中では丈夫で長生きしやすい種類で人気が高い。群を成して泳いでいる姿は水草の緑色の中でもとても映える。性格も温和なため他の種類の魚との飼育も可能。水槽に慣れていないうちはオレンジ色が薄くなるが慣れると段々と濃い燃えるようなオレンジ色に変化する。

## ミッキーマウスプラティ

カダヤシ目カダヤシ科
英名　Mickey Mouse Platy
学名　*Xiphophorus maculatus*

体長 3 ～ 4cm 程度
寿命 1 ～ 3 年程度

メキシコ原産の熱帯魚。名前の通り尾ひれの付け根あたりにミッキーマウスのような模様があるのが最大の特徴の魚。そのため子どもや女性からの人気は絶大。色もオレンジ色や白色、赤色、赤白などバリエーション豊か。丈夫で繁殖力も強いため水槽内で増えることも多い。卵胎生なので卵ではなく稚魚を産む。

## レッドテトラ

カラシン目カラシン科
英名　Ember tetra
学名　Hyphessobrycon amandae

体長 1 ～ 2cm 程度
寿命 2 ～ 4 年程度

ブラジル原産の熱帯魚。赤く透明感のあるボディが特徴。またの名を「ファイヤテトラ」と呼ぶくらい赤さの際立つ小型魚。そして小型魚の中でもかなり小さく、最大でも 2 ㎝程度にしかならないためタンクメイトの種類は注意。体が小さいということは勿論口も小さいので稚魚やメダカ用の餌が好ましい。

## ヤマトヌマエビ

エビ目ヌマエビ科
英名　Amano Shrimp
学名　Caridina multidentata

体長 3 ～ 6cm 程度
寿命 1 ～ 3 年程度

日本などのインド太平洋沿岸原産の淡水エビ。アクアリウム界最強の掃除屋との呼び名もあるくらい大変な働き者である。その様子は観察していればすぐにわかる。常に脚を動かしコケや餌の食べ残しを小さな前脚で掴んでは口に運んでいてせわしない。見ていて飽きないその仕草と少し透けている美しい体も魅力的だが何よりも水槽内のコケをモリモリと食べてくれる頼もしい存在。

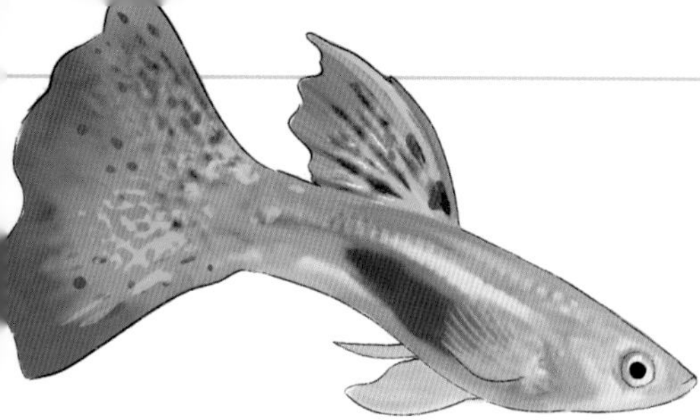

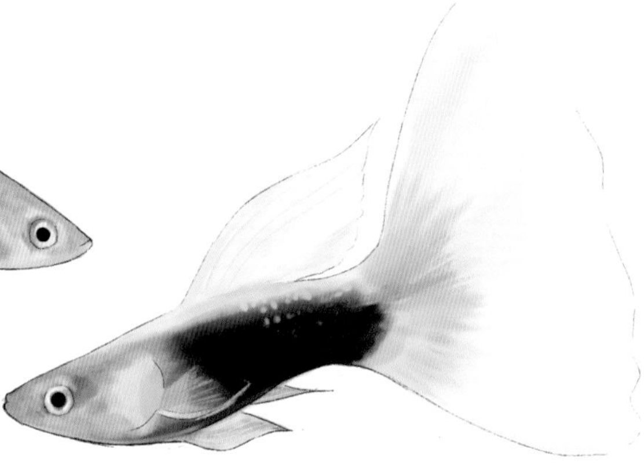

## グッピー

カダヤシ目カダヤシ科
英名　Guppy Fish
学名　*Poecilia reticulata*

体長 3 ～ 6cm 程度
寿命 1 ～ 2 年程度

南米原産の熱帯魚。日本では 1960 年代に爆発的な人気を誇り現在でも品種改良により沢山のカラーや模様の個体がいる。メスの方が体は大きいがヒレなどはオスの方が派手で大きい。卵胎生なので卵ではなく稚魚を産む。水槽内での繁殖も容易で繁殖も楽しめる。国内で作出されたグッピーのことを「国産グッピー」と呼ぶ。日本国内で丁寧に繁殖から育成までされることで、外国産のグッピーに比べ日本到着後の水質変化のショックや輸送ストレスによる問題が軽減されるため飼育しやすい。

アマゾン川原産。言わずと知れた熱帯魚の代表格。日本で最も広く知られたテトラ。体の上部が青く、中央には光沢のある水色のラインが入り、腹部の真ん中あたりから尾ひれ付け根にかけて赤いという大変美しい姿の熱帯魚。性格も温厚であるため他種との飼育も可能で丈夫かつ人工餌もよく食べるため育てやすい種類の魚。群れで泳ぐ習性があるため複数匹での飼育を推奨。

## ネオンテトラ

カラシン目カラシン科
英名　Lambchop rasbora
学名　*Trigonostigma espei*

体長 2 ～ 4 cm 程度
寿命 2 ～ 4 年程度

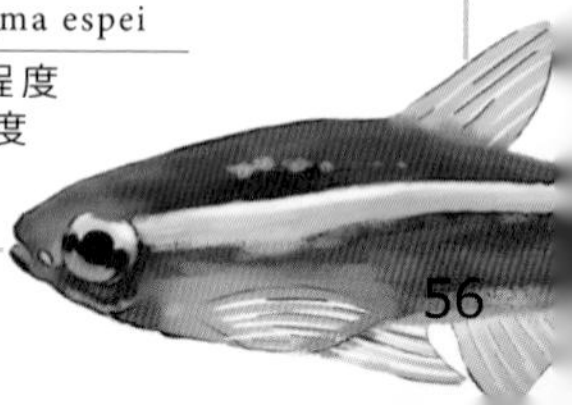

## イシマキガイ

アマオブネガイ目アマオブネガイ科
英名　Clithon retropictus
学名　Clithon retropictus

体長 1 ～ 2cm 程度
寿命 1 ～ 2 年程度

　中国や日本などの汽水・淡水域に生息している巻貝の一種。ショップでもよく見かけるので比較的安価で手に入れることができる。サイズはカバクチカノコガイに比べるとやや小さめでコケをよく食べるので様々な水槽に入れられるポピュラーな貝。水があるところでしか動き回れないため、水槽からの脱走が少ない。ただし孵化はしないものの硬い卵を産み付けるのが美観的に難点。

## カバクチカノコガイ

アマオブネガイ目アマオブネガイ科
英名　Dusky nerite
学名　Trigonostigma espei

体長 2 ～ 4cm 程度
寿命 1 ～ 2 年程度

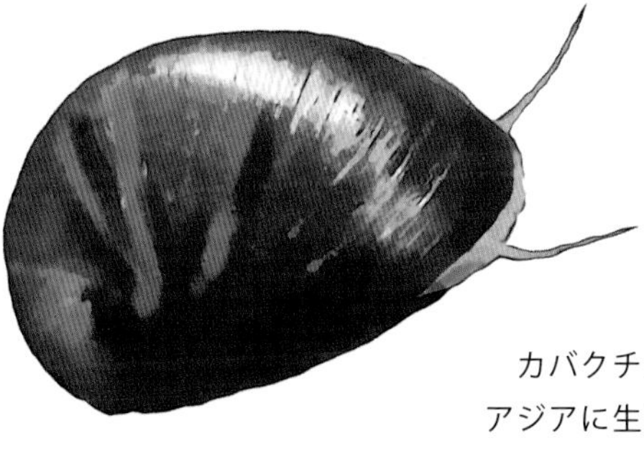

　カバクチカノコガイは日本の南方～東南アジアに生息しており茶色で縞模様のあるボディをした汽水・淡水巻貝。カノコガイの中では最大。コケ取り能力がかなり高く人気があるがお店で販売されているときもあればいないときもあるので常に出会えるわけではない。水槽のガラス面や流木、石についたコケを綺麗に食べてくれる頼もしいタンクメイト。

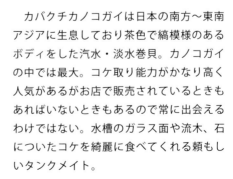

## アヌビアス・ナナ

サトイモ科
英名 Anubias nana
学名 Anubias barteri var. nana

大きさ 13 ～ 15cm 程度
中景 / 陰性 / 成長おそい

アフリカ原産の水草。深緑で硬い大きな葉が特徴。そのままでも、流木や石にも活着することもできるのでショップではよくセットになって販売されているのを見かける。二酸化炭素の添加や明るいライトがなくても育つので初心者でもとても扱いやすい水草。ただし生長が遅くコケがつきやすいので貝やエビなどのタンクメイトと一緒にすることを推奨。

## アヌビアス・バルテリー

サトイモ科
英名 Anubias barteri
学名 Anubias barteri var. barteri

大きさ 13 ～ 30cm 程度
中景 / 陰性 / 成長おそい

アヌビアス・ナナと同様にサトイモ科の植物。バルテリーは 30 ㎝前後にも生長し、アヌビアスの中では大型に分類される。
ナナと同じく石や流木に活着させることができる。成長は遅いが、大きな葉になるので魚の隠れ家やベタの寝床として活用されることもある。食害（魚やエビが食べてしまうこと）に遭いにくい。

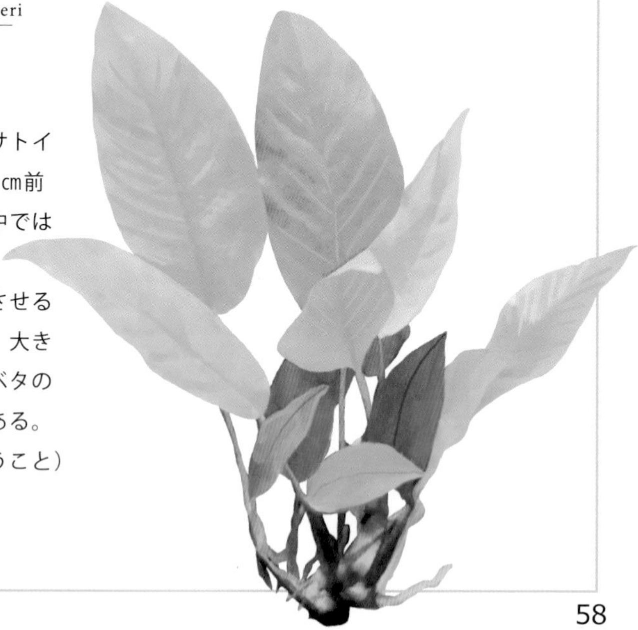

## ハイグロフィラ・ポリスペルマ

キツネノマゴ科
英名 Dwarf hygrophila
学名 Hygrophila polysperma

大きさ 6~15cm 程度
中景 / 有茎草 / 成長ふつう

インド・スリランカなどが原産。黄緑色の美しい水草。ソイルでも砂利でも砂でもよく育つ扱いやすい種類。強いライトや肥料を多くやりすぎると大きく育ちすぎたり葉が茶色味を帯びたりし、あまりきれいに育たないケースが多いので注意。丈夫でよく育ち比較的安価で手に入りやすいのも魅力の一つ。

## クリプトコリネ ウェンティ・‘グリーン’

サトイモ科
英名 Anubias nana
学名 Cryptocoryne Wendtii

大きさ 5 ～ 15cm 程度
中景 / 陰性 / 成長おそい

スリランカ原産。数多くあるクリプトコリネの種類の中でも丈夫なためクリプトコリネの中では最も人気のある種類の一つ。明るすぎると葉がくすんでくるので少しライトが遮られるような陰になっているところに植えると綺麗な緑色の葉を四方に広がる茎の先に展開する。比較的丈夫で育てやすい種類ではあるが生育環境によって姿形が変わりやすい。

## アマゾンチドメグサ

セリ科
英名 Brazilian Pennywort
学名 Hydrocotyle leucocephala
大きさ　～50cm 程度
前～中景 / 有茎草 / 成長ふつう

ブラジル原産の水草。細い茎に円盤状の葉がつき節から根を出しているのが特徴。ユニークな形をしていることから水槽の中でもワンポイントとして使われることも多い。底床に植えずに水に浮かばせておいても育つのでビオトープなどでも使いやすい。光量が足りないと間延びしやすいのでなるべく明るいところに配置・植栽しよう。

## バリスネリア・スピラリス

オモダカ目トチカガミ科
英名 Straight vallisneria
学名 Vallisneria spiralis
大きさ　～50cm 程度
後景 / テープ状 / 成長はやい

アフリカ・ヨーロッパ原産の黄緑色のテープ状の水草。底床の種類を問わず、ライトが強くても弱くても育ち、さらには低水温でも大きく成長する強健種。ランナーとよばれる地下茎でどんどんと子株を増やし初心者の水槽でも安心して使える水草。
ただしとてもよく育つので定期的にトリミングをしないと水槽の中がバリスネリアでいっぱいになり、熱帯魚の遊泳域を狭めてしまうことがある。

## ウォータースプライト

ミズワラビ科
英名 Water sprite
学名 Ceratopteris thalictroides

大きさ 20 ～ 30cm 程度
中景 / 有茎草 / 成長ふつう

切れ込みの入ったギザギザとした大きな葉が特徴の水草。日本にも自生していて「ミズワラビ」という和名を持ち、アジアやオセアニア、中米など世界中で広く分布している。美しい黄緑色の水草で底床に植えずに水面に浮かばせていても育つ。生育環境が似ていることと産卵床（卵を産み付けるための場所）として使われることからグッピー水槽に一緒に入れられていることが多い。

## ウォーターウィステリア

キツネノマゴ科
英名 Water wisteria
学名 Hygrophila difformis

大きさ 10 ～ 30cm 程度
中景 / 有茎草 / 成長ふつう

インドやミャンマー、タイ、マレー半島などの東南アジア原産。太い茎に細く切れ込みの強い黄緑色の葉を持つ。わかりやすいイメージで言うと春菊やヨモギのような見た目をしている。水中で育っているときはギザギザとした葉だが、水上に出て育つと葉が丸くなりまるで別の植物のようになることで有名。

## エキノドルス・‘ルビン’

オモダカ科
英名 Echinodorus "Rubin"
学名 Echinodorus “Rubin”

大きさ 20 ～ 50cm 程度
後景 / 根茎 / 成長おそい

ヨーロッパで品種改良された水草。エキノドルスの中でもかなり大きくなる大型種で稀に 100 ㎝にもなることがある。新葉は赤みがかっていて美しく、水槽の中ではワンポイント的に使われることが多い。エキノドルスは根から栄養を吸収するので栄養系ソイルやその他の底床に混ぜ込むタイプの肥料を与えると大きく生長しやすいが、植

## エキノドルス・ウルグアイエンシス

トチカガミ科
英名 Echinodorus uruguayensis
学名 Echinodorus uruguayensis

大きさ 20 ～ 50cm 程度
後景 / 根茎 / 成長ふつう

アルゼンチンやウルグアイなどの南アメリカ原産。濃い緑色で細長い葉を中央から上に向かって放射状に伸ばしていく。定期的に肥料を底床に入れると美しい緑色を保ったまま大きく生長する。１株でも存在感のある姿なのでボトル水槽などでメイン水草としてセンターに植えるとインテリア性も高い。昔から人気のある種類なのでショップなどでも手に入りやすい。

## ミクロソルム・プテロプス

ウラボシ科
英名 Java fern
学名 Microsorum pteropus

大きさ 20 ～ 30cm 程度
後景 / 陰性 / 成長おそい

アジアに広く分布し、日本でも石垣島や西表島などのごく限られた場所の温暖な気候の場所にのみ自生している。和名は「ミツデヘラシダ」。耐陰性があるので高光量の水槽でなくても育つ。夏場に水温が上がると黒っぽく変色してしまうので水温には注意が必要。根茎が傷つかないように石や流木に活着させるとよく成長する。

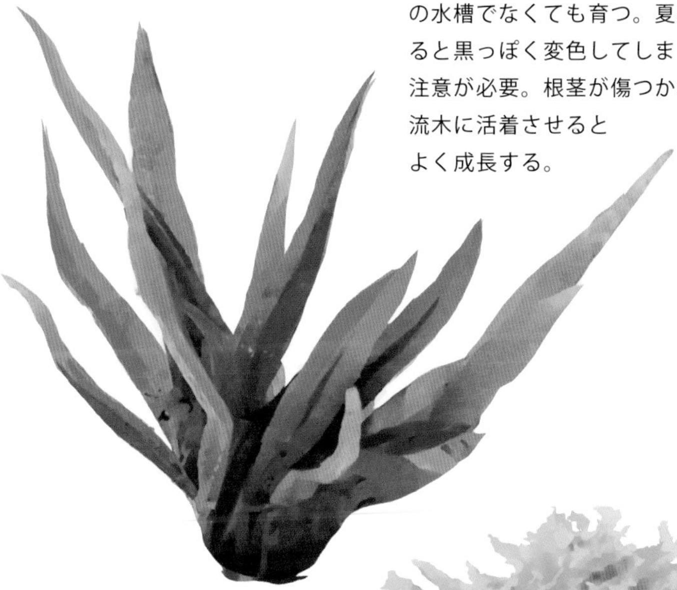

## ウィローモス

ハイゴケ科
英名 Java moss
学名 Taxiphyllum barbieri

前景 / モス / 成長はやい

アジアに広く分布している水中で育成するハイゴケの一種。とても丈夫で切り刻んだものを流木や石に乗せて糸などで巻き付けておくとそこから葉をのばし、生長をしていく。とても人気があるのでショップだけでなくホームセンターなどでも見かける。流木にウィローモスを活着させると苔むした古木のような雰囲気が出る。

## アナカリス

トチカガミ科
英名 Brazilian Waterweed
学名 Egeria densa

大きさ　～100 ㎝ほど
中景 / 陽性 / 成長はやい

南アメリカ原産の水草だが、近年日本の河川でも野生化しているアナカリスが全国で発見・報告が相次ぐほど繁殖力の強い水草。和名は「オオカナダモ」といい、理科の細胞観察の実験などに用いられることが多く、馴染みのある水草。悪水質でも育ち、非常に丈夫なため初心者でも簡単に水槽内で増やすことができる。安価で入手しやすく扱いやすい。

## マツモ

マツモ目マツモ科
英名 Rigid hornwort
学名 Ceratophyllum demersum

大きさ　～100 ㎝ほど
中景 / 陽性 / 成長はやい

世界中に広く分布し、日本でもどこにでも自生している水草。マツモは別名「金魚藻」とも呼ばれ、しばしば金魚の飼育水槽で育成されている姿を見る。色は明るい黄緑色をしていて猫の尻尾のようにフサフサとしていて可愛らしい見た目をしている。安価で入手しやすく、大変丈夫なため初心者でも簡単に育成できる。

# 流木 Driftwood

流木 Driftwood

Discovered!

カッコいい水槽に欠かせないアイテム

カッコいい水槽レイアウトに欠かせないのが流木。水槽の中の自然を演出するためのマストアイテム。1m以上ある超大型のものから手の平サイズの小枝のような小型のものまで様々な流木がある。1つだけドンと配置してもいいし、大小や形が異なるものを組み合わせてもいい。

# 石 Rocks

石 Rocks

石も流木と同様に自然感を演出するうえで欠かせないアイテム。色や形、模様や大きさもたくさんの種類があるので好みで選んで水槽内に設置するのも楽しい。ただし、種類によっては水質に影響する場合があるので下調べをしてどんな水槽の景色を作りたいかをまずは考えてみるのがいいだろう。

Discover!

# 流木の種類

## 塊状流木

平たい形状で横幅があり
くぼみなどの隙間に水草を
植えると自然感が出る
高さも出るので水上部に
陸生植物を植えることもできる

## 枝流木

一本一本違う形の中から
自分のレイアウトの好みに
あわせて選ぶことができる
水草と一緒に水槽の中に入れると
ネイチャー感が演出できる

## スティック流木

長く枝振りの少ない流木
立てて水上部分として使ったり背景の流木の足りないところに迫力を追加できる

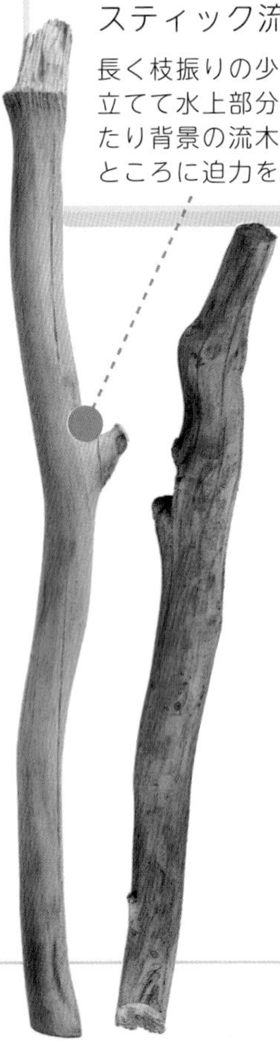

## 大型流木

大きな幹と太い枝が特徴
前後左右に枝が広がるので
意外に大きな水槽が必要に
なるので注意
だが、水槽に入れると立派な水景になる

流木についての配信
動画はコチラ！

アクアリウム大学　流木

https://www.youtube.com/@aquarium-u/videos

Discover!

## 石の種類

### 木化石

長い年月をかけて木が化石化したもの
茶色～赤みがかったものが多い
模様や風合いが個性的

### 溶岩石（赤）

溶岩石の中には赤みが強いものもあり、荒々しい雰囲気のレイアウトに向いている

### 白系の木化石

化石になる木の種類によって石の色合いが白っぽくなることがある

### 気孔石

石の表面にボコボコとした穴のようなくぼみのある石

### 青華石

全体的に青みがかった石
アクアリウム界ではとても人気の高い石

石によっては水質を変えてしまうものもあるのでお店の人にしっかり聞こう！

### 溶岩石（黒）

マグマが冷えて固まった石で表面はザラザラとしていて多孔質
アクアリウム用の定番の石

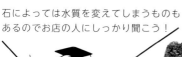

# 砂 Sand

## 砂 Sand

コリドラスなどの水槽の底で生活する魚の飼育には欠かせない

細かい目のものから粗い目のものまで色々な粒の大きさや色の砂が販売されている。明るいカラーの砂は水槽内全体が明るく見え、暗いカラーの砂は汚れなどが目立たない。それぞれのメリットを考えて使うと良い。また配置する場所や形で遠近感を出しやすいのでレイアウトを楽しむ水槽作りには欠かせないアイテム。また魚の種類によっては砂の中に潜ったり砂の上で擬態したりする姿を観察することができる。

# ソイル Soils

## ソイル Soils

ソイルはその名の通りアクアリウム用の「土」。栄養系と呼ばれる栄養分を含んだタイプと吸着系と呼ばれる底床の汚れを吸着するタイプがあるが、園芸と同様に水草も栄養素を必要とするため水草を大きく丈夫に育てたい人は栄養系ソイルを使うことをお勧めする。うまく石などを使って隔てることで砂と併せて使うこともできる。

多くの水草が必要とする栄養分が入っているので水草がよく育つ

# Chapter 5

# 飼育の準備を始めよう

Let's get started "AQUARIUM"!

Let's Do It!!

## 立ち上げる水槽のイメージ図案を考える

### 45㎝スリム水槽バージョン

まずはどんな水槽にしたいかをスケッチしてみよう

- 水草の種類（なるべく育成が簡単な種類からスタートしよう）
- 大まかな石と流木の構図
- 凹型レイアウトにするか凸型レイアウトにするか
- 飼育してみたい熱帯魚が好む環境を調べる
- 底床の色や素材を考える

POINT

立ち上げのときのイメージ図は書籍や雑誌やSNSなどを参考にしたりショップへ行ってお店の人に相談したりYouTubeなどで探すこともできますよ！描いたスケッチやメモをお買い物のときに持っていきましょう♪そうするとお店の人にもイメージを伝えやすくなり欲しいものが見つかるかも！

参考になるレイアウトについての配信動画はコチラ！

アクアリウム大学　レイアウト参考

https://www.youtube.com/@aquarium-u/videos

Check points!

# お買い物前のチェックポイント

## 水槽

□ 設置する場所の高さ、幅、奥行きの寸法を測りましょう
□ 水槽を設置するための水槽台や床の強度や耐荷重を確認しましょう

## 熱帯魚・水草

□ 欲しい種類の魚や水草の名前をメモに取っておきましょう
□ 複数種の熱帯魚の購入を検討している場合、混泳 ( 水槽内で共存) できる種類の確認をしましょう

## フィルター

□ 水槽のサイズに合わせたフィルターを調べておきましょう
□ デザインや機能も色々あるので下調べをしておきましょう

## 石・流木

□ 欲しい石の名前、または色や特徴をメモに取っておきましょう
□ 流木はアクアリウム用を買いましょう（沈まない場合があります）

## 底床・アクセサリー

□ 底床は種類がたくさんあるので見た目や機能をよく調べましょう
□ アクセサリーはアクアリウム専用のものを買いましょう

熱帯魚などの生体を購入したらなるべく早く帰宅しよう！
夏は保冷剤、冬は使い捨てカイロなどを用意していくと安心

# ショッピングスタート！

撮影協力：AQUA WORLD パンタナル

お店の中はワクワクでいっぱい

お店にいる魚の様子を
よく観察してみよう！

まずはじっくり
一周してみよう

お店の水槽はお手本にもなるので要チェック！

1. 水槽を選ぶ

購入したい水槽の大きさが実際に設置できるか
相談をしてみよう(どこに置きたいのか、水槽台はあるのかなど)

2. ライトを選ぶ

どんな水草を育てたいのかを伝え、
消費電力や電源の種類も確認しよう

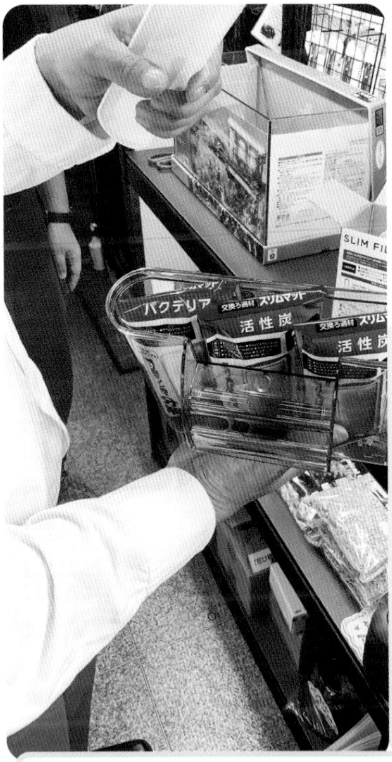


3. フィルターを選ぶ

飼育したい魚の数や種類を伝え、
水量に見合ったフィルターを選ぼう

どんな場所に設置したいのか
またどんなレイアウトの
水槽を目指して
いるのかなどを写真や絵
などで用意しておくと
とってもスムーズ！

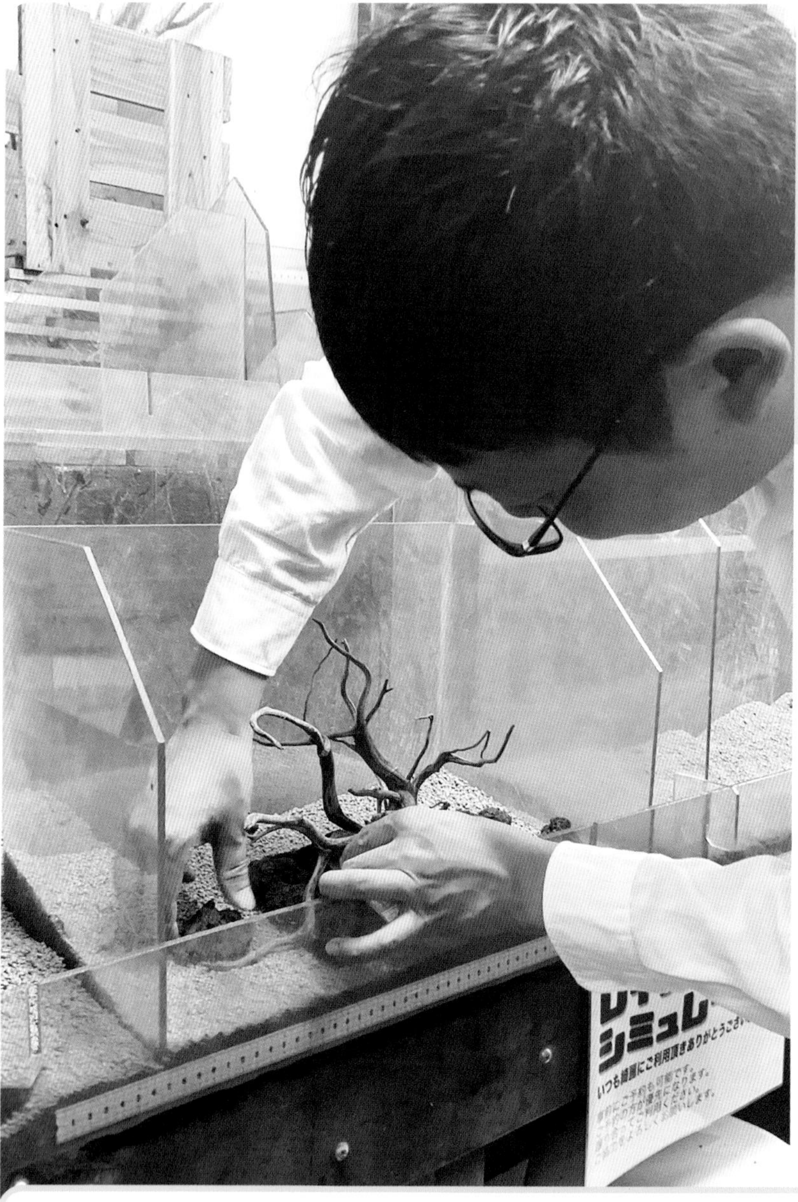


お店によってはこのように流木と石を実際に組んで実際のイメージがわきやすいように空の水槽を用意してくれているところがあるので是非実際に流木と石を水槽の中に置いてイメージを膨らませてみよう！

## 5. 熱帯魚を選ぶ

熱帯魚もペットです
一目ぼれでの即決は
なるべく避け
状態をよく確認し
お店の人が自信を
持っておススメ
してくれるときに
購入しよう！

入荷されてからどのくらいお店にいるかを
聞いてみよう
理想は２週間以上しっかり飼育されて
人に慣れていること

## 6. 水草と底床を選ぶ

どんな水槽のレイアウトにしたいのかを伝え
それにあわせた底床を選ぼう
なるべく育成が難しい種類は初心者のうちは
避けておいた方が無難

# お買い物でGETしたもの

取材協力：AQUA WORLD パンタナル

## 水槽セット〈GEX グラステリア 450 スリム スリムフィルターセット〉

見た目がすっきりとしたフレームレスの 45 ㎝スリム水槽
インテリア性の高さからチョイス

## カルキ抜き

〈GEX コロラインオフ 500cc〉
カルキ抜きも忘れずに!

## ライト〈ZENSUI MULTI COLOR LED II 450〉

ライトは調光機能のついた置き型の LED ライト

## 底床

水草が根を張りやすいよう
底床はソイル
水草への栄養補給もできる

## ろ過器〈GEX SLIM FILTER DC-X M3〉

簡単に設置ができて掃除も楽々の外掛けフィルター！

ウォーターバコパ

ルドヴィジア
グランデュローサ

クリプトコリネ
ウェンディ・ゲッコー

アヌビアス・ナナ

南米モス

ラバロック（溶岩石）

カージナルテトラ

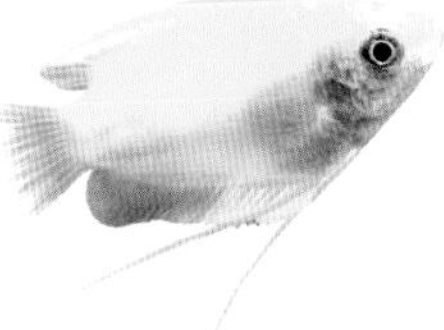

ゴールデンハニー
ドワーフグラミー

レッドプラティ

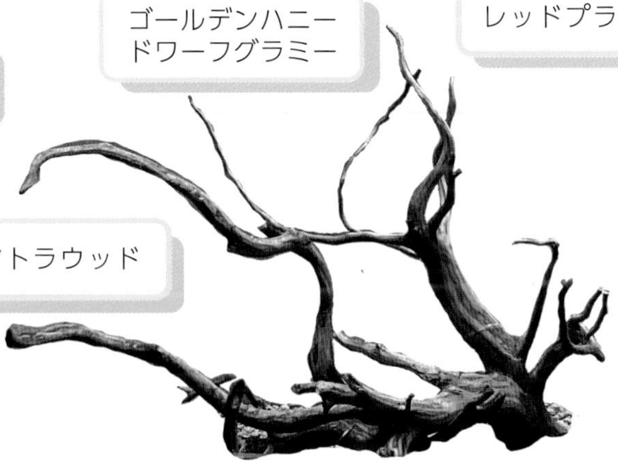

スマトラウッド

# Chapter 6

# レイアウトのイメージを考えてみよう

practice!

カッコいい組み方のお手本

## Practice1 凸型レイアウト

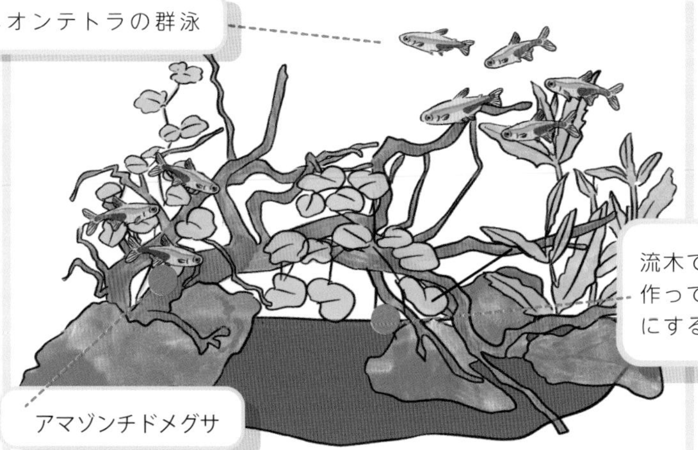
流木でトンネルを作って魚の隠れ家にする


水槽レイアウトイメージ図

代表的なレイアウトの作り方に
水槽の中心に高さを出す凸型と
水槽の両脇に高さを出す凹型があるよ
このレイアウト方法はバランス良く
美しい水槽レイアウトを作りやすいよ！

## Practice2 凹型レイアウト

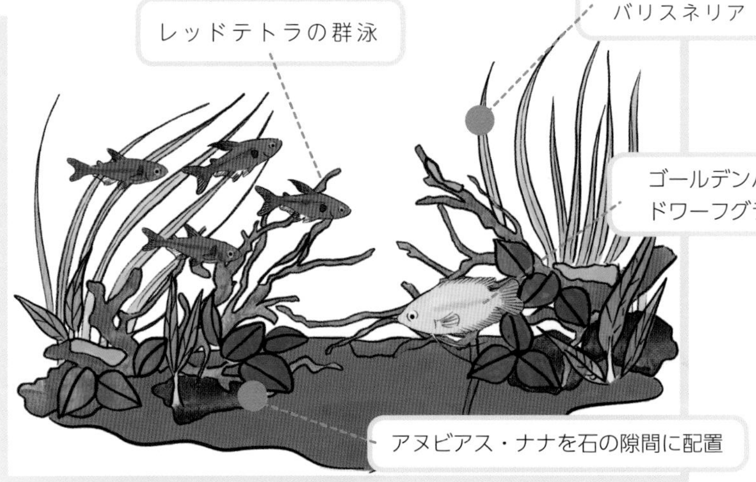


水槽レイアウトイメージ図

◀アクアリウム大学チャンネルでレイアウトについての動画を配信していますのでご参照下さい！

## Practice3 アレンジ型レイアウト

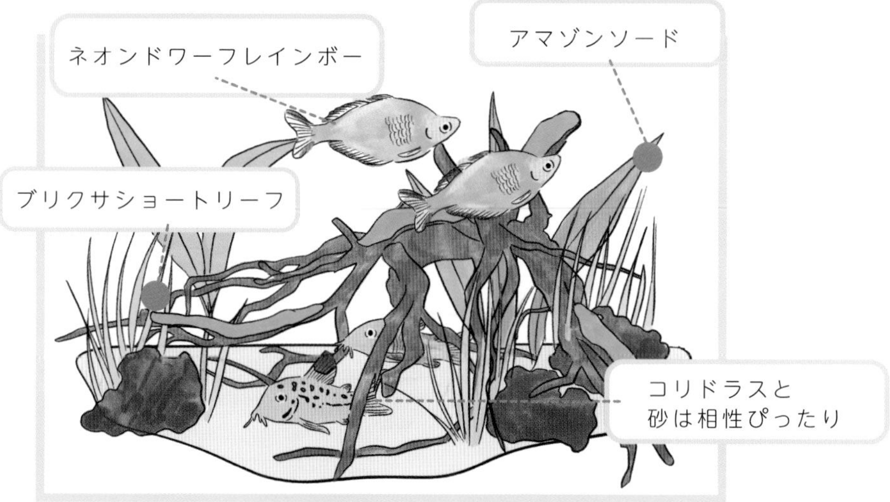


水槽レイアウトイメージ図

木の根っこのように流木を使うと底ものと呼ばれる水槽の下部を好む魚がトンネルを行き来する姿が見られて楽しいですよ

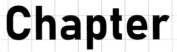

# Chapter 7

# 水槽を立ち上げて熱帯魚を飼育してみよう

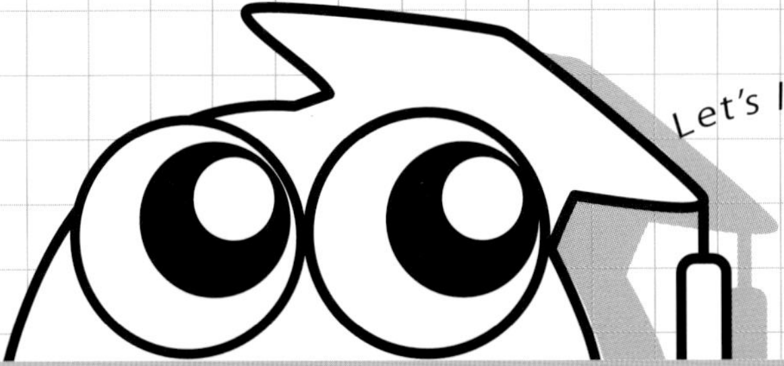

Let's launch the water tank

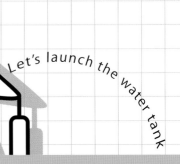

## 1. フィルターの設置

使用するフィルターはコチラ
■GEX SLIM FILTER DC-X M3

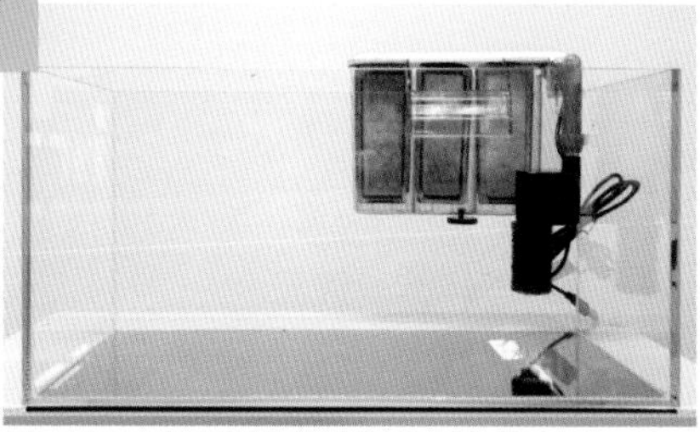

まずはフィルターを定位置に設置する
吸水部分はなるべく水槽の隅に設置した
方が水槽を広く使えて見た目も
スッキリする

## 2-1. ソイルを敷く

フィルターを水槽のふちに引っ掛け
たままソイルを水槽に入れていく

今回使用したのは
吸着系ソイル

## 2-2. ソイルのポイント

ソイルとフィルターの吸水部分が接していると詰まりの原因になるのでソイルが触れないようにくぼみを作っておく

実はソイルって2種類あります！
用途に合わせてソイルを選びましょう
※わからない場合はお店の人に聞きましょう

### 栄養系

栄養分が豊富に含まれたソイルなので水槽立ち上げ後の水質の安定に時間がかかるが、安定すると水草がぐんぐんと育ちやすい

### 吸着系

栄養系ソイルに比べて栄養分が少なく吸着能力が高いので水槽立ち上げ後の水質の安定が早い

### 良アイテム

底床を敷いた後は
これでサッと平らに！

フラッターと呼ばれるこの道具でソイルや砂や砂利を上からなでるように使い底床を平らにしたり傾斜をつけたりする

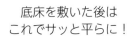

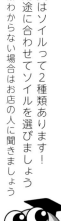

## 3-1. 石や流木で構図の骨組みを作る

このときライトを点けて
おくと作業がしやすい！

スケッチを参考にしながら石や流木を配置する
流木が新しい場合は浮きを防ぐために石を乗せよう！

## 3-2. 道具を使ってととのえる

流木や石が動かないよう
にピンセットやサンドフ
ラッターを使いながらソ
イルを詰めてととのえる

## 3-3. 注水前の霧吹き

ひと手間だけどせっかく作った
レイアウトを崩さないため！

ソイルをあらかじめ湿らせておくと注水時にソイルが
動きにくくなりレイアウトが崩れにくくなる

## 4. 注水

注水はレイアウトを崩さない
ように慎重に行っていく
片方の手は水槽の中に入れ
注ぐ水の勢いを緩和しながら
少しずつすると水が濁らない

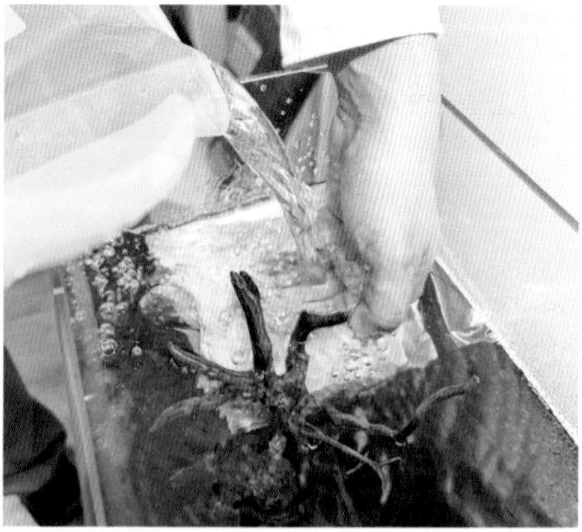

要アイテム

水の勢いでソイルを削ってしまわ
ないようにビニールやラップなど
を敷いた上に手を添えて注水する

## 5．スイッチオン

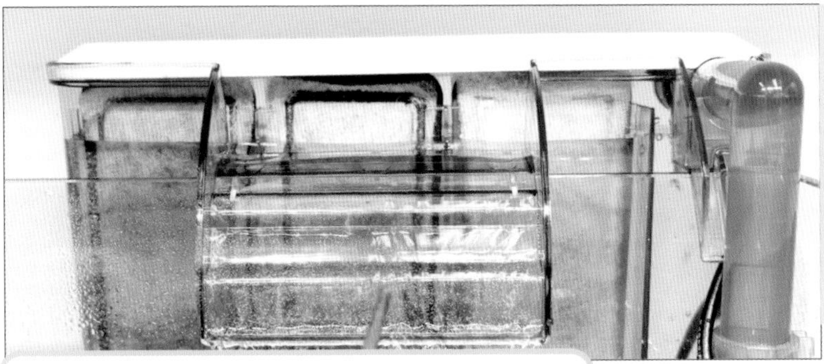

注水が終わったらフィルターの電源を ON ！

## 6．水草を植える

水草をソイルに植え付けていくときはピンセットがあると作業効率が上がるのでオススメ
植えるときには水草の根っこを傷めないこと
ソイルを掘りすぎると水が濁るので注意が必要

水草の植え方などについての配信動画はコチラ！

アクアリウム大学　水草の植え方

https://www.youtube.com/@aquarium-u/videos

Attention!

魚を水槽に入れるのは水槽を立ち上げてから１週間ほどしてからだよ！水槽の立ち上げを完成させるのには「慎重さ」がとっても大事なんだよ。慌てて入れるのは危険だよ。

7. 熱帯魚を入れる

## 熱帯魚を水槽に入れる前に必ず水合わせを行う

[水温合わせ]

1. 熱帯魚の入った袋ごと1～2時間 水槽の中に入れる

[水質合わせ]

2. 熱帯魚をバケツに移し少しずつ水槽の中の水を入れていく

3. 熱帯魚が落ち着いているのを確認し網で優しくすくい水槽に入れる

7-1. 水温合わせ

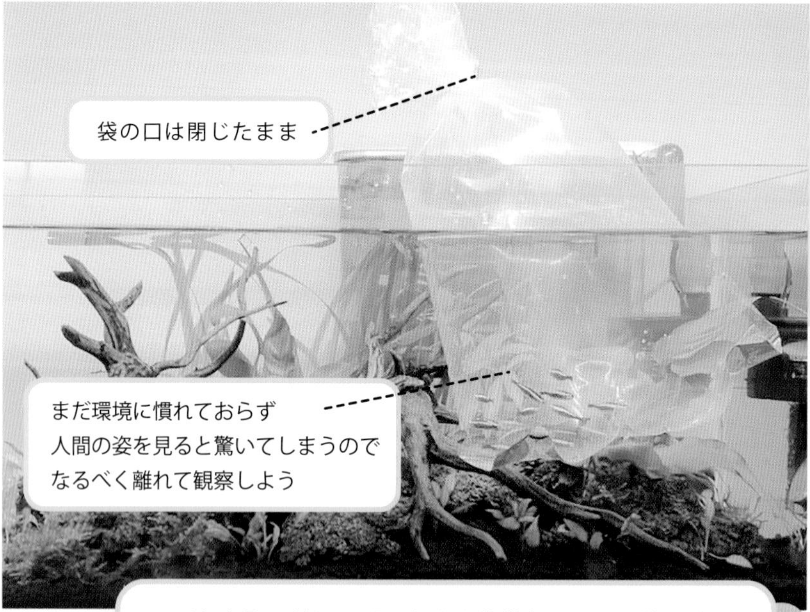
袋の口は閉じたまま
まだ環境に慣れておらず
人間の姿を見ると驚いてしまうので
なるべく離れて観察しよう

ライトを取り外し、閉じたまま熱帯魚の入った袋を底面からゆっくりと水槽の中に入れていく
水槽に袋を入れたら１～２時間ほど置いて落ち着かせる

## 7-2. 水質合わせ

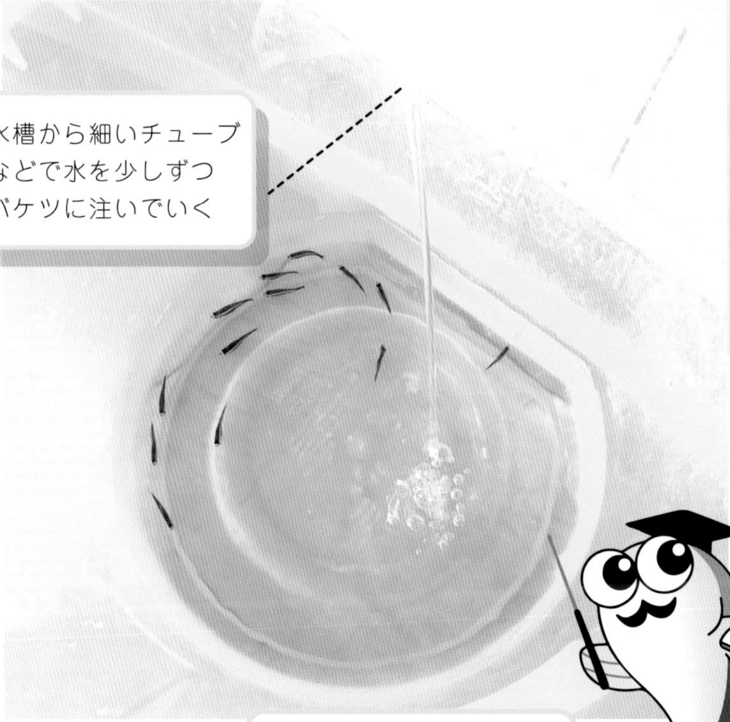

網ですくうときは怪我を
させないようにゆっくり


### なんですぐ水槽に入れちゃいけないの？

水温や水質が違うことによるショック状態を引き起こしてしまうことを避けるため。魚も人間と同じで突然環境が変わると弱ってしまったり死んでしまうこともある。ストレスを軽減してあげると魚も健やかに過ごせるよ。

熱帯魚の水合わせについての配信動画はコチラ！

アクアリウム大学　水合わせ

https://www.youtube.com/@aquarium-u/videos

Challenge!

# 45cm スリム水槽

## 立ち上げ直後

はじめは気泡がつくが
段々消えるので大丈夫
根がしっかり張るまで
水草は動かさない

### 立ち上げ直後の水槽の管理ポイントチェック

- 浮いてしまった水草は植え直す
- 水換えは週に1度3分の1程度
- 魚が飛び出すことが多いので注意
- 立ち上げ直後は魚を入れない

### 水槽の全体画像

ライトは１日８～９時間つけて夜は消しましょう
フィルター内にゴミがたまると
水流が弱くなるのでチェック
流木からアクが出たときは
こまめな水換えをしましょう
ソイルの中の気泡も段々消えていく

Recommended
POINT!

立ち上げて間もない水槽はトラブルが
起きやすいので毎日しっかり水槽内の
様子をチェックしよう！
蒸発により水位が下がってくるので
しっかり（カルキ抜き）水を補充しよう。

# 45cm スリム水槽

Challenge!

立ち上げから20日

魚が安心して隠れられる
場所があるかチェック

## 立ち上げから約3週間後の水槽の管理ポイントチェック

- 水草の追加をしてみよう
- 水換えは週に1度3分の1程度
- フィルターの吸水部分の汚れチェック
- 魚の様子や健康状態をチェック

水槽の全体画像

病気をしている魚がいないか
毎日様子をチェックしよう
後景に水草を追加

立ち上げてから３週間ほど経つと水草がソイルの中でしっかり根を張り浮いてこなくなる。日が経てば水質もだんだんと安定してくるが、水換えはしっかり週に１度はしよう！日ごとに水槽のふちやガラス面に汚れが目立ってくるようになるので掃除しよう！

Recommended
POINT!

▶アクアリウム大学「掃除」動画一覧

アクアリウム大学　掃除

# 45cm スリム水槽

Challenge!

立ち上げから30日

## 立ち上げから１カ月後の水槽の管理チェックポイント

- 水槽の「お掃除屋さん」の導入
- 水換えは週に１度３分の１程度
- フィルターの掃除とろ材の交換
- コケの生え具合をチェック

水槽の全体画像

人に慣れてリラックスしている
うっすらとコケが生えてきている
水草が段々と繁茂

立ち上げてから一カ月経つと魚たちが環境に慣れて人の姿を見つけると寄ってくるようになり可愛らしい一面も見ることができる。そして魚たちが元気である半面厄介な存在「コケ」も元気に増えてくる。コケを食べてくれる「掃除屋さん」の導入をしてみよう。

Recommended
POINT!

▶アクアリウム大学「コケ対策」動画一覧

アクアリウム大学　コケ対策

**WARNING !**

水槽の立ち上げと同時に熱帯魚を水槽の中に入れるのはリスクが高いので熱帯魚は

**1** 週間後に購入する

お店で買う際の注意点

- お店の人が信頼できるか
- お店の水槽がきちんと管理されているか
- その後も困ったときにサポートしてくれるか
- 飼育・育成の方法を把握しているか

**STEP 3**

## 3. いざ、お買い物へ

お店へ行ってまずは水槽の周辺機器や水草を買おう

p.83 を参考にしながら順序よく水槽の立ち上げを行ってみよう！目安はおよそ 1 ～ 2 時間

**STEP 4**

## 4. いよいよ立ち上げ！

必要な容器や機材を購入したら水槽を立ち上げよう

お店で熱帯魚を購入する際の注意点

- 魚が病気やケガをしていないか目視で確認する
- 入荷直後でないことを確認する（理想は 2 週間以上お店で飼育されていること）
- 立ち上げた水槽の環境で暮らせるかを確認する
- 飼育は水量 2 ℓにつき 1 匹の目安

**STEP 7**

## 7. ようこそアクアリウムの世界へ！

楽しく癒される素敵なこの世界をともに楽しみましょう！

水槽の立ち上げと熱帯魚の飼育を
始めるためのフローチャート

スタート

お役立ちMEMO

・購入が夏場の場合：

気温が高いと水温が上がり袋の中の熱帯魚が酸欠状態を引き起こすことがあるので保冷剤を持っていこう

・購入が冬場の場合：

気温が低いと水温が下がり水温ショックを起こすことがあるので保温バッグとカイロを持っていこう

STEP 1

1. はじめに

まずはどんな熱帯魚・水草を
入れた水槽がいいのかを考える

書籍や雑誌、ＳＮＳなどで他の人がどんな水槽を持っているか情報を収集してみよう！
また、欲しいと思っている水槽が設置可能な大きさや重さであるかも調べておこう

STEP 2

2. スケッチやメモ

作ってみたい水槽の
イラストやメモを書き出そう

どんな水草や熱帯魚を飼育してみたいのかを書き出してみよう
このときに、大まかなレイアウトを考えておくとこの後のお買い物がとてもしやすくなる

STEP 5

5. しばらく水を回す

水草や流木、石などを入れた状態でしばらく
ろ過器やライトの電源を入れて（ライトは１日８時間の照射が目安）
魚は入れずに１週間ほど水を回し続ける

水の濁りが落ち着いて水の透明度が上がったら準備ＯＫ

STEP 6

6. 熱帯魚を購入する

お店にて熱帯魚を購入しよう

# Chapter 8

## 飼育・育成について

How to care and treat them

上向きの口をしている魚に
適しているのは

## 浮上性の餌

口が上を向いている魚は水面などに落ちた虫などの獲物を捕らえて食す習性があるので水面に浮く「浮上性」の表記があるものを選んであげよう！

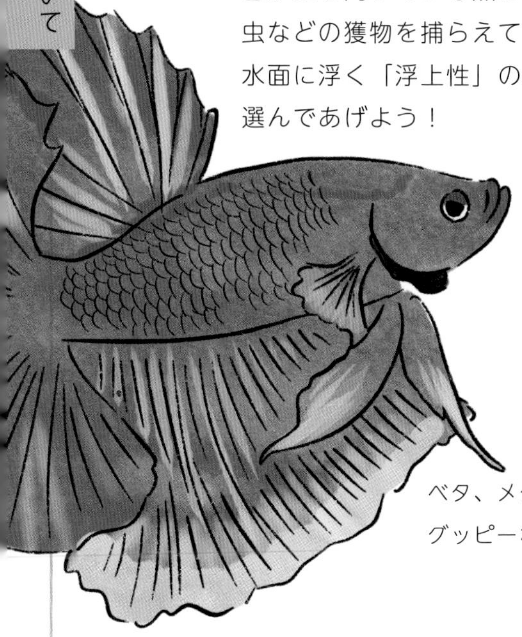

ベタ、メダカ、モーリー、
グッピーなど

下向きの口をしている魚に
適しているのは

## 沈下性の餌

口が下を向いている魚は水の底面にある餌を掘ったりしながら探す習性があるものが多いので底に沈む「沈下性」の表記があるものを選んであげよう！

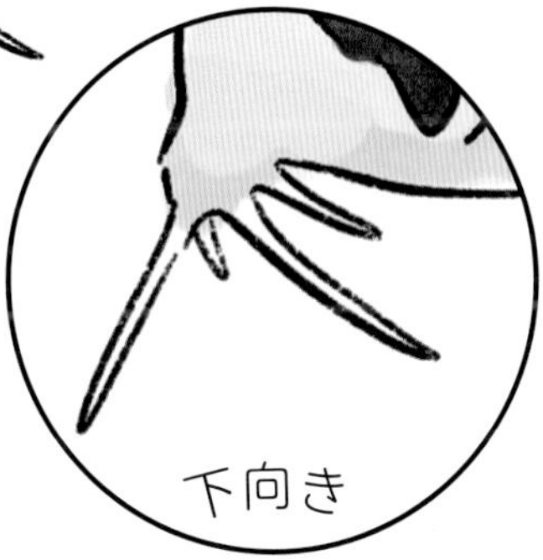


コリドラス、プレコ、オトシンクルス、クラウンローチなど

Discover!

# 熱帯魚の餌の種類

乾燥餌

アカムシなどを乾燥させたタイプの餌
日持ちがよく食いつきも◎
あげすぎに注意しよう
→ベタやメダカなど

顆粒《かりゅう》餌

粒になっている餌
最もスタンダードで古くから使用されている餌
どの魚も食べやすい形
→熱帯魚全般

タブレット餌

またの名を「ペレット」と呼ぶ
水に溶けるのに時間がかかるのでもちがよい
→コリドラスなど

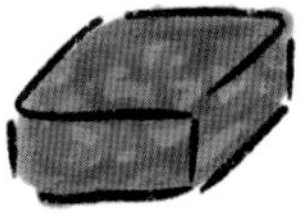

冷凍餌

アカムシを冷凍させた餌
冷凍庫で管理する必要があるが、栄養価が高く食いつきもとてもよい
→熱帯魚全般

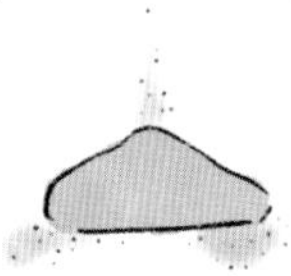

粉餌

パウダー状の細かい粒になっている餌
水面でパッと広がる
→稚魚や小型熱帯魚など

フレーク餌

餌特有のニオイがしにくく、水に浮きやすい
→ベタやメダカなど

1日1〜2回ほど、魚たちが2〜3分で食べきれる量を目安に与えましょう

Discover!

# 水草の生長を促進する

自然に育つ種類も多いが中には生育条件が難しい水草もあるのでよく調べてみよう

## 液体肥料添加

水中に直接液体肥料を入れるので水槽全体に肥料が行き渡りやすい
またモスや浮草などの底床に根が張っていないタイプの水草にも肥料を与えることができる

## 二酸化炭素添加

水草の光合成を活性化させるために使用する
アクアリウム専用の二酸化炭素添加用品が販売されているのでそれを使おう
水草を美しく育てたい人にはおススメの方法

## 底床用固形肥料の使用

底床に埋めて使う固形肥料は段々と溶けていくので持続効果が長い
底床がソイル以外の場合やソイルだけでは栄養分が足りないときの追加分として使われることが多い

## 栄養系ソイルの使用

ソイルには水草の生育に必要な栄養分が含まれている。「栄養系」と呼ばれるものは特に豊富に含まれている
栄養分は半年～１年でなくなるので追加または交換が必要

水草の肥料などについての配信動画はコチラ

アクアリウム大学　肥料

https://www.youtube.com/@aquarium-u/videos

Discover!

# 水槽のお掃除

掃除のタイミングは目に見えて汚れたタイミングでする場合と定期的に行う場合がある

・目視でのタイミング＝ガラス面のコケや水の変色など

・定期的なタイミング＝フィルターの交換や外部フィルターの中身の掃除など

## あると便利なお掃除グッズ

### バケツ

水槽の水量にもよるが10Lサイズがあると沢山入るので便利

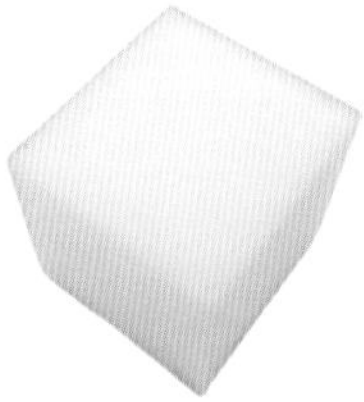

### メラミンスポンジ

水槽のガラス面を掃除するときや水槽器具を洗うときに使用

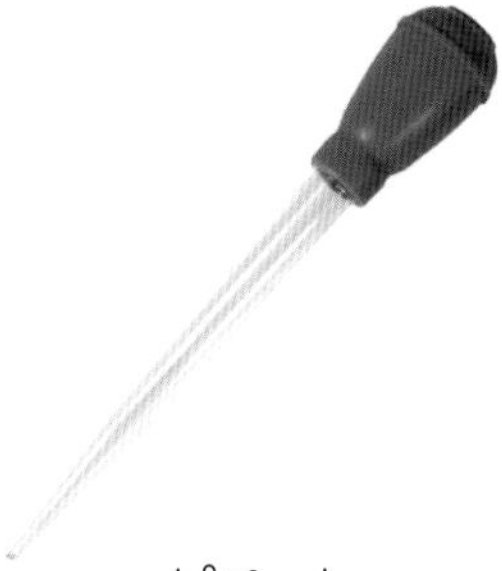

### ピペット

切れた細かい水草や底床に入った汚れを吸い出せる

### スクレーパー

水槽のガラス面についたコケを削ぎ落とすときに使用

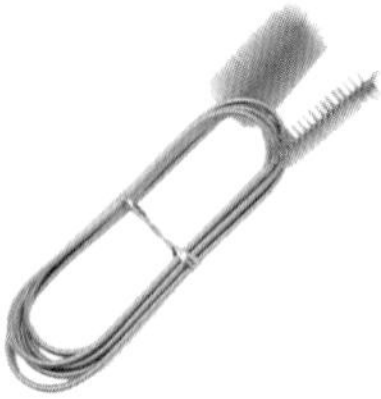

### ホース用ブラシ

ホースの中や細かい部分を洗うためのブラシ

### ポンプつきホース

水槽の水を吸い出し水を抜く作業をするときに使用

## 01汚れを落とす

まずは水槽のガラス面をメラミンスポンジで優しくこすっていく
強くこすりすぎると手が荒れることがあるのでゆっくりと優しくこする
※洗剤は使用しない

## 02コケを削ぎ落とす

次にガラス面についてしまったコケをスクレーパーを使って優しく慎重に削ぎ落していく
刃先で魚や水草を傷つけないように要注意

## 03 水を換える

汚れやコケを掃除したあとは最後に水を３分の１程度交換する
慣れれば１０分ほどで完了です

水槽の掃除などについての
配信動画はコチラ

アクアリウム大学　掃除

https://www.youtube.com/@aquarium-u/videos

BEFORE

水が黄ばみ、ガラス面も流木もコケまみれになっている

フィルターも内側も外側も全体的にコケで汚れているのがわかる

水槽の角にも汚れがたまりやすいのでブラシなどでシリコンを傷つけないように優しくこすって掃除しよう

水換えと水槽内のコケを掃除すると
元の美しい水槽に元通り！

水槽が綺麗になるとまた魚や
水草の様子がよく見えるようなる

# Chapter 9

# トラブルの解決方法

Solutions for troubles

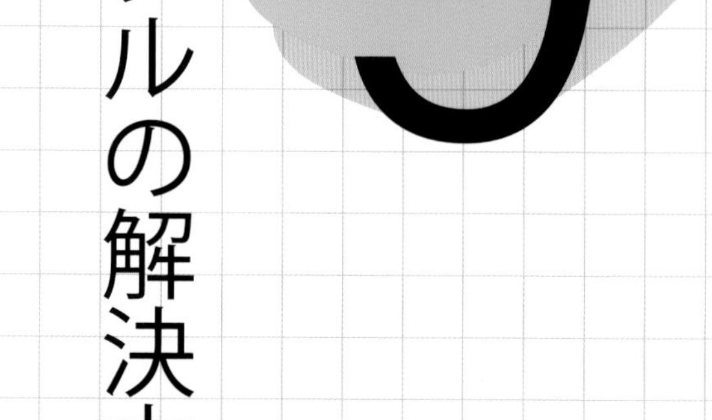

# 春の注意点

・寒い日も暖かい日もあり水温が安定していない

## →免疫機能が下がり細菌感染のリスク

解決方法

ヒーターを設置して水温を一定に保ちましょう

エロモナス菌やカラムナリス菌は常在菌と呼ばれて普段から存在しているが魚の免疫力が下がったときに感染し重篤な結果を引き起こすことがある

・水温が上がってくると雑菌なども活性化してくる

## →白点病のリスク

解決方法

水換えやろ過フィルターを清掃し
水槽を美しく保ち水質を安定させましょう

白点病：白点虫（ウオノカイセンチュウ）という春先暖かくなり始めると活発になる寄生虫に感染して発症する病気

感染した魚が体を水草や石などにこすりつけるような動きをすることがある

・メダカなど一部の魚は繁殖活動にはいる

## →卵を産む準備を始める

解決方法

産卵床となる水草や浮草などを
入れてあげましょう

産卵床は水草以外にも専用の用品も販売されている

安価で販売されていたり簡単に自作できるものなので楽しんで作っている人も多い

# 夏の注意点

・室温が上がり過ぎて水温が 30 度を超える

**→水草や一部の熱帯魚が弱り始める**

> 解決方法
>
> 室内クーラーや水槽ファンを設置し
> エアレーションを強化しましょう

水温が上がり過ぎると水中内の酸素が減って魚が酸欠状態となる
特に夜間は植物も呼吸に切り替わるため水槽内の酸素の消費が大きくなるので要注意

・水温が上がりバクテリアなどが増えて水質が悪化

**→細菌感染のリスク**

> 解決方法
>
> 水換えをしっかり行い、掃除をしましょう

水温が高いとバクテリアなどが増えやすく水質が悪化することがあるそうすると水槽から不快なニオイがしてくることも魚の病気感染のリスクも上がる

・直射日光が当たるようになった

**→コケが大発生するリスク**

> 解決方法
>
> 陽が当たらないよう遮光しましょう

# 秋の注意点

・気温が急に下がる日がある

**→免疫機能が下がり細菌感染のリスク**

> 解決方法
>
> 外気温が 22 度を下回ったら
> ヒーターを設置しましょう

エロモナス菌に感染することで赤斑病・松かさ病・穴あき病と様々な病気を引き起こすことがある

どれも重症度が上がると高い確率で命を落としてしまうため、日頃の水温チェックはまめにしよう

・冷却ファンや水槽用クーラーをつけっぱなしにすると水温が下がり過ぎる可能性あり

**→大量死のリスク**

> 解決方法
>
> 水温をチェックし、冷却機能を外す

熱帯魚と呼ばれるように低水温を好まない魚が多い水温が下がっているのに気が付かないままでいると一度に大量死してしまうこともある

・ビオトープに台風の雨風が直撃

**→水が溢れて全滅のリスク**

> 解決方法
>
> 天気予報をチェックし、
> 安全なところへ移動させましょう

# 冬の注意点

・外気温が下がり、水槽内の温度も低くなる

## →多くの熱帯魚が健康に過ごせなくなる

解決方法

・ヒーターでしっかり加温して水温を
　25 度付近にキープしましょう

・水換えのときは水温より少し温かい
　程度の温度の水で水換えをしましょう

水温が下がってくると熱帯魚たちの活動が鈍くなり始める

これは体のエネルギーを消費しないようにしているため

・買ってきた魚の元気がなく弱っている

## →低水温による水温ショックの可能性

解決方法

真冬などの寒い時期に熱帯魚を購入し自宅へ持って帰る場合は保温バッグにカイロなどを入れて水温が下がらないように注意しましょう

Discover!

# 魚の病気と治療法

魚の体のあちこちが
赤くなってる
それ赤斑病かも！

尾ひれがなんだが
ボロボロになった
それ尾ぐされ病かも！

魚のヒレに
白い点々が！
それ白点病かも！

体の表面に丸く
穴があいてる
それ穴あき病かも！

日本動物薬品株式会社
「観賞魚の診療所」

**そんな魚の病気の
「困った」の声のために
作られた「診療所」があります。**

症例と共に治療薬や治療法が
掲載されていますのでご活用ください。

# Chapter 10

# アクアリウム大学 Q&A

Questions and Answers

## Q1.「水槽がすぐにコケで汚くなります。どうしたらいいですか？」

## A.
コケが出てしまう理由はいくつか
考えられますので、
以下の方法を試してみましょう

・ライトの照射時間は１日８時間くらいに設定
　→１日の照射時間が長すぎるとコケが生えやすくなります
・フィルターの見直し
　→飼育している生体の数に対してフィルターは十分ですか？
・餌の量の調整
　→餌の量が多すぎる可能性があります
・メンテナンスフィッシュの導入
　→コケを餌にする生体を入れてみましょう

オトシンクルス

## Q2.「水槽の掃除のペースってどのくらいがいいんですか？」

## A.
それぞれの水槽・水量によって変わりますが、

**１週間に１度 $\frac{1}{3}$ ～ $\frac{1}{4}$ 程度**
**換えるようにしましょう**

目には見えなくても水の中にはどんどんと
汚れや生体に有害なものが蓄積されるので
水換えは必要な作業です

「アクアリウム大学Q＆A」

## Q3.「水槽の水が白濁りしてしまいました。どうしたらいいですか？」

### A. 考えられる理由は 2 つあります

・水槽内のバクテリアのバランスが悪くなっている

→水をきれいにするバクテリアが十分に育っていないと起きやすい現象です
フィルターのろ過能力が不足している可能性もあります

・洗っていない底床を掘り返す魚がいる

→しっかりと洗えていない砂や砂利やソイルなどを使っていると、
底を掘り返す習性のある魚が原因となり濁ることがあります
底床を変えるか、洗いなおしましょう

コリドラス

## Q4.「水槽の水が黄ばんでしまいます。何で黄ばむんでしょう？」

### A. 水槽内の栄養が豊富な可能性が高いです

ブラックホール（強力な活性炭）を
入れると解決することがあります

餌をあげすぎていたり、水換えをしていなかったり、
流木などからアクが出たりすると水中が富栄養化し、
水が変色していきます

## Q5.「水草がなかなかうまく育ちません。どうしてでしょう？」

## A. 環境が適正かをチェックしましょう

・水槽が水草の育成環境に合っていない可能性が高いです
→ライトと底床と水質が水草の好む環境となっていない可能性があります

・水草に合った環境づくりをしましょう
→水草の種類によっては軟水を好むもの、硬水を好むもの、明るい環境や肥料を多く必要とするものがあったり、その逆に明るいところが苦手だったり、ソイルの方がうまく育つものなど種類によって育成環境が異なります

## Q6.「水槽の水をピカピカにする方法ってありますか？」

## A. ろ過フィルターを見直してみるのはどうでしょう？劇的に変わりますよ

メーカーが推奨するより **ワンサイズ** 大きなろ過フィルターをおすすめします。水流が強すぎる時は送水先を工夫して
水流の緩和を試みましょう
水流の緩和は流木に水流を当てたり
吐出口（水が出てくるところ）の
径を広げる方法があります

## Q7.「流木を入れたら流木のアクが出ます。どうしたらいいですか？」

## A. 活性炭を入れると１～２カ月でキレイになります

ただ、実は流木のアクって多くの熱帯魚にとってはいいモノなんですよ！
害はほとんどなく、あえて流木のアクを使って原産地に近いような
レイアウトを楽しむこともあります
**ブラックウォーター**と呼びわざわざブラックウォーターにするための
添加剤も売っているほどです
ただし、遮光性があるので水草が育ちにくくなるのと見た目があまり観賞用には向かないので気になるようであれば
活性炭の活用をおすすめします

## Q8.「熱帯魚が少しずつ死んでしまいます。何が原因なんでしょうか？」

## A. 水槽内の環境に問題が発生しています 直ちに環境の見直しを行ってください

水槽内の魚が死んでしまう主な原因は ３ つあります

- pH が合わないことによるショック死　→pH 降下剤の使用
- 水中の有害物質による中毒死　→水換え
- 病死　→投薬による治療

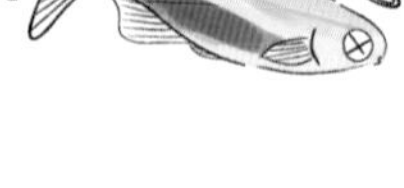

それでも解決しないときはお店の人にすぐ相談しましょう

## Q9.「水槽の中の魚が病気のようです。どうしたらいいですか？」

## A. まずは病気の魚を隔離しましょう

・他の魚に伝染する可能性があるので病気の魚は別容器に隔離しましょう

→いつでもすぐに隔離できるようにサブ水槽やエアレーションなど備えがあった方が良いでしょう

・病気の診断を目視にて行いましょう

→熱帯魚などの病気は目視して判断します。

111ページにて病気等を調べるための有益なサイトを紹介をしていますので参考にしてください。

## Q10.「水は嫌なニオイがしそうだからと導入を家族に反対されます」

## A. ニオイの感じ方に関しては個人差がありますがきちんと管理された水槽は不快なニオイがしません

水槽内のバクテリアのバランスが保たれている水槽の水は不快なニオイがしません。

生臭いなどの不快なニオイがする原因は水質悪化などに起因します

水槽があることのメリットの方がはるかに大きいので是非ともご家族を説得してみてくださいね

# Chapter 11

# 木下裕人とアクアリウム

What it means to Hiroto Kinoshita

## 木下裕人のアクアリウムとの出会い

私はサラリーマンの父と専業主婦の母と弟の４人暮らしの平凡な家庭で育ちました。今でこそアクアリウムを生業にしていますが、小学校から高校まではそれはもう活発で家の中でじっとしていられずいつも外で走り回るサッカー少年でした。そんな活発な子どもだった私が熱帯魚という存在を知ったのは某国民的アニメでした。そのアニメの主人公の姉が友人宅で増えたグッピーを譲り受け、主人公と共に飼育するという回でした。そのグッピー、主人公が無知で良かれと思い水槽の中に入れたザリガニにみんな食べられてしまうという結構残酷なオチだったんです。それを見た当時の印象が強く、その回のことは今でも覚えています。
そしてその後祖父にコップに入ったアカヒレを買ってもらったのが私の初めてのアクアリウムです。

そしてその後私が引っ越したのちにできた友達のお父さんが90㎝水槽にディスカスを飼育していたのを見せてくれたんです。「なんだこの魚！」ってとても驚きました。それまで外で駆けずり回っていた少年がアクアリウムにぐっと心を引き寄せられた瞬間でした。そして興味を持った私をその友達のお父さんがアクアテイクEに連れて行ってくれたんです。もう20年前になりますが、そのときに見た水草の美しさに胸を打たれました。その後私は親に頼み込んで60㎝水槽を買ってもらい本格的にアクアリウムを始めることになったんです。その水槽ではネオンテトラやラスボラアカヒレなど沢山の種類を飼育しました。でも、当時は必要な情報が簡単に手に入る時代ではなくお店の店員さんに直接聞きに行くか、専門雑誌などの書籍を頼るくらいしか方法がなかったのでとにかく自分で試行錯誤することにしました。

「試行錯誤」という言葉を使った理由は、「それなりに失敗をしたから」です。水草をうまく育てられず水草が溶けて消えてしまったり、掃除の仕方を間違って覚えていたりそもそもソイルの使い方がわかってなかったり、それまで使ったことがなかったので水草を植えるのにピンセットが必要な理由もピンときてませんでした。水草もお店で買ってきたまま鉛巻き状態でそのまま植えてたりもしました。

私にも右も左もわからない初心者のころがありそれはそれはたくさんの失敗を重ねてきました。でも実際に経験した失敗談こそが今の私に生きてるんです。ＹｏｕＴｕｂｅでいただく質問へ私自身の体験から述べることができるのはこのチャンネルの強味だと思っています。アクアリウムを生業にしているので立ち上げた水槽の数も相当ですが、直面する問題も相当に多かったのです。

このアクアリウムの楽しさ、美しさ、奥深さを沢山の人に知ってもらいたいと思っています。20年前に私が胸を打たれたあの瞬間のような体験を多くの人にしてもらいたいと思っているんです。そしてアクアリウムを始めてみようと思ったそのときや、水槽を立ち上げてみて困ったことやわからないことがあれば私のチャンネルを見て解決の糸口にしてもらいたいと思い配信活動を続けています。

昔と違い今は情報が豊富でアクアリウムを安心して始められるようになったと感じています。私も近頃では熱帯魚店やそれ以外の場所でも声をかけてもらうことが増えてきました。私のチャンネルを見て水槽がうまくいっていると言われると嬉しいですし、YouTubeをやってて良かったなと心から思います。

これからもアクアリウムを楽しむ皆さんの一番の相談相手でありたいと思っています。

木下裕人

# 木下裕人の仕事　作品集

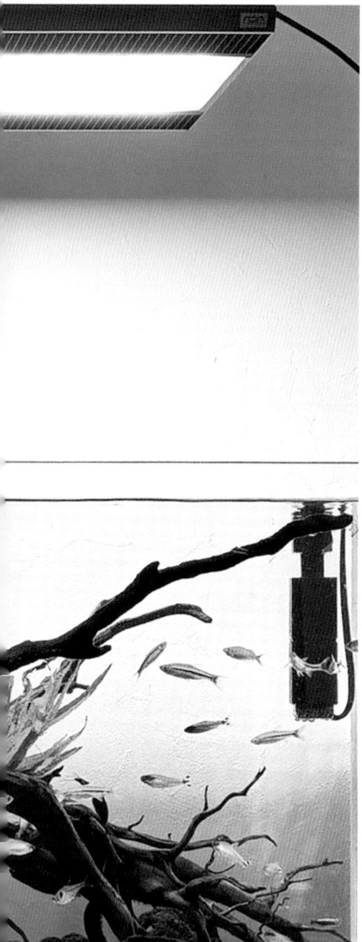

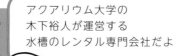

# 水槽をレンタルするって？

01

メールまたは電話で
問い合わせをします

02

自宅に現地調査に
きてもらいます

03

見積もりと水槽の
内容等についての
提案を受けます

04

見積もり・提案内容
に納得できれば契約
にすすみます

05

水槽を搬入、そして
設置してもらいます

06

定期メンテナンスで
お掃除をしてもらいます

アクアリウムに関する動画総本数

# 1,000本以上!

チャンネル登録者数

**6**万人 突破!

# アクアリウム大学

水槽管理のプロが解説
アクアリウム大学
produced by アクアレンタリウム
アクアリウム大学【アクアレンタリウム公式】
@aquarium-u · 65.9K subscribers · 1K videos
■アクアリウム大学運営者のプロフィール
aquarentarium.com and 4 more links
Subscribed
Join
はじめての
メダカの 飼い方
初心者でも安心!
プロがやさしく解説!
12:43
【基礎編】メダカの飼い方・育て方 メダカ飼育の基本をプロが解説します!
601K views · 3 years ago
外掛け式フィルターで
メダカが泳ぐ
和風小型水槽
11:51
【メダカの小型水槽】苔と石を使った"和風メダカ水槽レイアウト"
470K views · 2 years ago
エビの力
13:54
コケで汚れたメダカ水槽にエビを入れるとこうなる
463K views · 9 months ago
その 水換え
"逆効果" です!
12:00
【水換えが逆効果?】正しい水槽の換水方法をプロがやさしく解説!
239K views · 3 years ago
"プロ"は
一目で分かる
ろ過不足の症状
10:07
【その水槽ろ過不足!?】ろ過不足の症状と改善策を公開します!
211K views · 3 years ago
汚れた水槽に
エビ200匹
10:28
コケまみれの崩壊水槽にエビを200匹投入した結果・・・
195K views · 10 months ago
これから始める
メダカ水槽の
作り方!
11:11
【美しいメダカ水槽の作り方!】"0から始めるメダカ水槽の制作工程"をプロが解説!
188K views · 4 years ago
【プロの技完全公開】
理想の水流
外部フィルター編
今日から大幅改善!
11:28
【水流は超重要】水槽にとって理想の水流をプロがやさしく解説!
166K views · 3 years ago
熱帯魚が弱る
間違った水槽掃除が原因
プロの掃除方法
16:27
【重要】熱帯魚が弱る原因は水槽掃除の"ある作業"が原因です!
160K views · 3 years ago
たった15分!
水槽掃除
誰でも簡単・おすすめ!
手軽に楽しむプロの技!
3:40
【たったの15分で水槽掃除!?】プロが行う簡単水槽メンテナンスをご紹介!!
152K views · 4 years ago
正しく選ばないと後悔します・・・
ネオンテトラ
カージナルテトラ
グリーンネオンテトラ
アクアリウム初心者
必見です!
12:22
【ネオンテトラ・カージナルテトラ・グリーンネオンテトラ】特徴を知って選ぶことが...
152K views · 4 years ago
そのコケの正体は
アオコ です!
グリーンウォーターとの違いは?
原因から対処法
12:23
【そのコケはアオコです!!】水槽に発生するアオコの正体と対処法、グリーンウォータ...
143K views · 4 years ago

## 著者　木下裕人　Hiroto Kinoshita

東京都出身。株式会社アクアレンタリウム代表取締役社長。アクアリウム業界に 20 年以上在籍し、ＹｏｕＴｕｂｅチャンネル「アクアリウム大学」をはじめＳＮＳなどを活用しアクアリウムを普及する活動に日夜努めている。ＳＮＳの総フォロワーは９万人にも及び業界トップクラスの数を誇る。長年アクアリウム業界に従事し獲得したそのノウハウや知識を惜しみなくアクアリウムを楽しむ人々のために提供している。

YouTube　Instagram　X　facebook

ＳＮＳ各種

| | |
|---|---|
| YouTube | アクアリウム大学 |
| Instagram | @hiroto_no_suiso |
| X | @aquarenrarium |
| Facebook | 株式会社アクアレンタリウム |
| tiktok | @aquarentarium |
| Threads | @hiroto_no_suiso |

水作株式会社
https://www.suisaku.com/

GEX 株式会社
https://www.gex-fp.co.jp/

ゼンスイ株式会社
https://www.zensui.co.jp/

株式会社ニチドウ
https://www.jpd-nd.com/n_nichi/

神畑養魚株式会社
https://www.kamihata.co.jp/

コトブキ工芸株式会社
https://www.kotobuki-kogei.co.jp/

株式会社ベルシステム 24
https://www.bell24.co.jp/ja/

株式会社太陽技法堂
https://www.morich.co.jp/

医療法人社団盈志会 西新井大腸肛門科
https://ok2.or.jp/

順不同

# Pantanal©
## AQUA World

〒939-8023 富山県富山市古寺４５６
ＴＥＬ：076-492-3999
ＨＰ：https://www.pantanal1988.com/
Open Hours: 木金 14:00-19:00
土日 11:00-19:30
Close Hours: 火水
駐車場有

富山の老舗アクアワールドパンタナル。毎年世界水草レイアウトコンテストに出場し、高い評価を受け続ける。親子２代でつなぐアクアリウム業界のトップランナー。アクアリウム・パルダリウム関連商品の豊富な品揃えとアットホームな温かい人柄で北陸屈指の名店。

AQUA World パンタナル

# おわりに

この本を手に取ってくださり、誠にありがとうございます。
私は、アクアリウムのレンタル・メンテナンス事業にこれまで20年以上携わり、多くの方へアクアリウムの魅力を届けてきましたが、はじめから美しいアクアリウムを作れたわけではありません。アクアリウム好きが高じて業界へ飛び込みましたが、最初の5年間はとくに、なかなか熱帯魚飼育や水草育成がうまくできずに、アクアリウムの難しさを痛感し悩んだ時期がありました。

魅力あるアクアリウムを広めたい。
でも、せっかくアクアリウムへ興味を持っても、当時の私のようにアクアリウムがうまくいかずに、やっぱりアクアリウムは難しいと諦めやめてしまうこともあるかもしれない。そうなって欲しくない。アクアリウムは正しいコツを知って始めるだけで、誰でも美しいアクアリウムを楽しむことができる。その想いを具現化したものが、ＹｏｕＴｕｂｅチャンネル「アクアリウム大学」でした。

自分自身が培った経験を発信することは、会社の企業秘密を出すに等しいことでしたが、当時起業したばかりの私にとって、もしも人々にとって有益な情報ならば、自然に広がり会社の知名度は上がるのではないか。ドキドキの挑戦ではありましたが、連日ＹｏｕＴｕｂｅで発信を続けることに。その結果、私が培ってきた〝生きた経験〟は、全国のアクアリウムを楽しむアクアリストから、「水槽が綺麗に管理できるようになりました」、「うまく飼えるようになりました」など、連日感謝の言葉を頂戴するようになり、そんなアクアリウム大学の内容をグッと凝縮したものこそ、この本なのです。

マイナビ出版様から、アクアリウム大学の内容を書籍化し出版してみてはどうかと打診をいただいたときは、さらに多くの方へアクアリウムの素晴らしさを届けられることを嬉しく感じ、この本に期待と強い想いを込めました。また、アクアリウムは、ただ趣味で終わるものではありません。それは、自然界へのつながりを深めることで、地球環境のニュースや事情に対し今まで以上に興味をもたらしてくれるはずです。責任ある行動を通じて、より自然へ感謝をしていくことを、アクアリストはとくに忘れてはいけません。

最後に、この本を通じて、今まで知らなかったアクアリウムの魅力や知識を得ることができたと感じていただけたら嬉しいです。熱帯魚たちとの素晴らしい旅路が、あなたにとっても意義深いものになり、人生の豊かさを与えてくれるはずです。

心から、みなさまがアクアリウムを趣味にして良かったと感じてくださることを祈っています。

どうぞ安心して、この素晴らしい趣味を楽しんでください。

ありがとうございました。

著者プロフィール

木下裕人 Hitoro Kinoshita

チャンネル登録者数6万人超のアクアリウムのノウハウなどの役立つ情報を配信するYoutubeチャンネル「アクアリウム大学」の運営を行う。業界歴は20年を超え、自身の会社である株式会社アクアレンタリウムの代表を務めながらアクアリウムでの悩み事や困りごと解消に向けた動画や役に立つ情報の発信を日々行っている。

編集・制作者プロフィール

TOTOMI

アクアリウム専門雑誌INSTAQUA!の編集長。フリーランスのグラフィックデザイナーやデジタルイラストレーターとして活動する傍ら、趣味であるアクアリウム関連のパッケージデザインや書籍の制作・編集を手掛ける。

# アクアリウムを趣味にする

## プロが教える観賞用水槽のつくり方

2024年6月30日　初版第1刷発行

著者　木下裕人<br>
発行者　角竹輝紀<br>
発行所　株式会社マイナビ出版<br>
〒101-0003<br>
東京都千代田区一ツ橋2-6-3<br>
一ツ橋ビル2F<br>
0480-38-6872（注文専用ダイヤル）<br>
03-3556-2731（販売部）<br>
03-3556-2738（編集部）<br>
URL: https://book.mynavi.jp<br>
印刷・製本　シナノ印刷株式会社



ISBN978-4-8339-8580-6

Printed in Japan